XINGKONG TANMI

星空探秘

《走近科学》丛书编委会 编

科学普及出版社
·北 京·

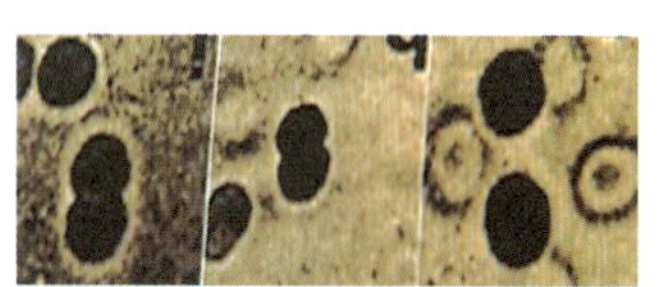

XINGKONG

图书在版编目(CIP)数据

星空探秘 / 《走近科学》丛书编委会编.—北京：科学普及出版社，2013
(走近科学)
ISBN 978-7-110-06507-5
Ⅰ.星… Ⅱ.走… Ⅲ.航天－普及读物 Ⅳ.V4-49

中国版本图书馆 CIP 数据核字 (2007) 第 115531 号

科学普及出版社出版
北京市海淀区中关村南大街 16 号　邮政编码：100081
电话：010-62103210　传真：010-62183872
http://www.cspbooks.com.cn
科学普及出版社发行部发行
北京盛通印刷股份有限公司
*
开本：720 毫米 × 1000 毫米 1/16　印张：7　字数：125 千字
2011 年 9 月第 2 版　2013 年 7 月第 2 次印刷
ISBN 978-7-110-06507-5/V · 13
印数：3001-8000 册　定价：26.80 元

TANMI

策划编辑 肖　叶
崔　玲
责任编辑 李　珩
封面设计 少　华
责任校对 张林娜
责任印制 安利平
法律顾问 宋润君

XINGKONG TANMI

前言

Qian Yan

2001年7月，中央电视台科教频道（CCTV—10）随着国家“科教兴国”战略的实施应运而生。

科教频道传播现代科学知识，提倡先进教育理念，介绍中国和世界的优秀文化，逐步形成了鲜明的“教育品格，科学品质，文化品位”的频道特色，在社会上赢得了广泛的赞誉。几年来，《探索发现》、《绿色空间》、《人物》、《走近科学》、《天工开物》等众多电视栏目制作播出了大量脍炙人口的节目。这些充满了人类智慧，承载着古今中外文明果实的节目引发了观众对科学的兴趣，引导着观众走近科学。

科教频道播出以来，吸引了越来越多的忠实观众。但电视传播转瞬即逝的局限，也使得许多人无法随自己的方便收视心仪的节目。对他们来说，订阅《走近科学》杂志便成了弥补不能及时收视这一缺憾的选择。

《走近科学》月刊是我国第一本电视科学杂志。它将中央电视台科教频道的优秀电视节目转化为平面媒体，伴随着科教频道的前进，探索了一条跨媒体科学文化传播的新路。

今天，我们又将《走近科学》杂志近年来刊载的最受读者喜爱、关注，最富趣味性和知识性的热点内容——科教频道优秀节目的结晶，分类结集成书，奉献给喜爱科教频道节目和喜爱《走近科学》杂志的广大观众与读者，以感谢你们对科教频道和《走近科学》杂志的厚爱与支持。

编　者

2007年6月

目录

MuLu

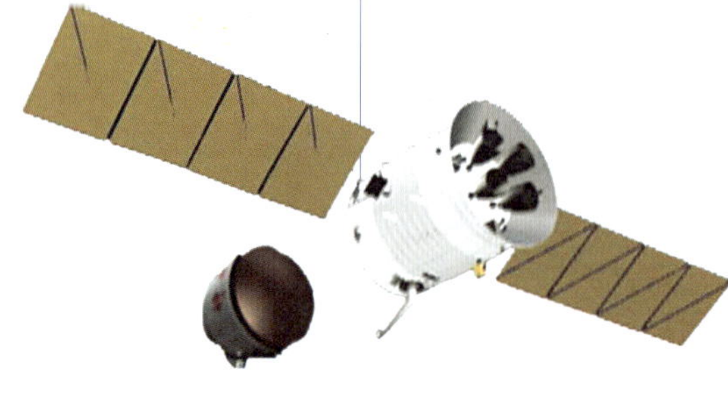

太空中的人体趣谈

人体是一台复杂而精密的有生命的机器，它的生命系统都是在适应地球环境的过程中才一代代传承下来的。可是一旦进入了太空环境，这些系统又将受到哪些影响呢?

人体很像一架航天飞机，是一台复杂而精密的有生命的机器，要依靠几个子系统来执行它的功能。航天飞机有一个推进系统，一个生命支持系统，一个制导系统，等等。我们的身体也有几个系统，比如心血管系统、呼吸系统、泌尿系统、血液和免疫系统、肌肉骨骼系统和神经系统等。

当我们进入太空，让我们的心脏脱离它们的正常环境时，就会发生一些奇怪的事情

我们的心血管系统在有地球引力的环境下工作很正常，无论我们是躺着还是站着，我们总有充足的血液供应大脑等重要器官。但是，当我们进入太空，让我们的心脏脱离它们的正常环境时，就会发生一些奇怪的事情。失去了地球引力，我们身体里的液体向上漂移，致使我们的心脏及其传感器以为血液供应量增加了，于是，我们的心脏会试图去平衡血液供应。首先，心脏的肌肉结构伸展，以便容纳更多的血液。同时，身体里的其他系统就让我们的肾脏去排除看似多余的液体。液体水平降低后，我们的骨髓就停止生产红细胞，以防止我们的血液变得太浓。很快，我们体内的血液量和红细胞就比我们在地球上时少了。由于要泵/吸的血液少了，我们的心脏开始收缩，其体积逐渐缩小。但是，当我们从太空回到地球后，地球引力又会将我们体内的一大部分血液吸引到我们的腿部。

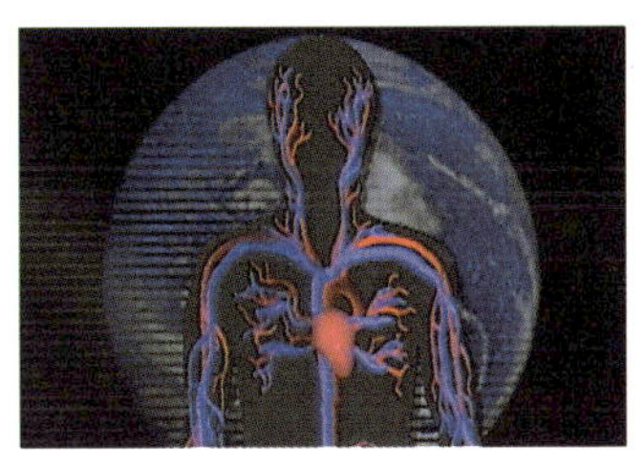
心血管系统

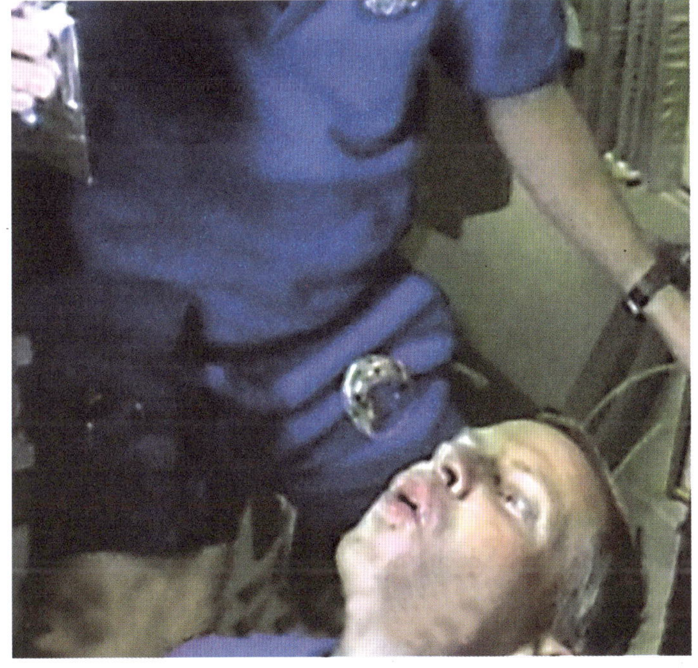
宇航员正在进行身体测试

空间站

在太空中由于没有足够的血液可供循环，有些人会出现短时的头晕眼花，直至我们的身体得到更多液体和制造出更多的血液。尽管如此，没有迹象表明太空飞行会使我们的心血管系统出现任何永久性问题。

我们呼吸的时候，富含氧的空气进入我们的肺部。现在，我们的两个肺叶都充满了新鲜的空气，同时，我们肺部的小血管网络充满了无氧的血液。现在，奇妙的事发生了。肺叶

宇航服保护宇航员的身体

里的氧气和血液里的二氧化碳将通过肺表面的薄膜交换位置。这种现象称为气体交换。现在，从肺部呼出的气体主要成分变为了二氧化碳，血液里则溶解了氧气。

在太空中，一切都失去了重量，锻炼还有意义吗

我们的身体是为有地球引力的环境中活动而形成的，而不是为在独特的太空条件下运行而设计。事实上，我们身体的肌肉和骨骼系统也需要地球引力才能正常运行。

在太空中，一切都失去了重量，所以我们的肌肉不用像它们在地球上那样运动。肌肉不按正常方式活动的时候，它们就会变弱。我们大部分人都认识某个因骨折而不得不打石膏以帮助骨骼恢复的人。在打石膏期间，折断的胳膊或腿不能活动，于是，一旦卸下石膏，那条胳膊或腿变弱变细了。因长时间卧床而无法活动肌肉的人，也会出现类似的情形。

在太空中，我们在脚踏车和运动车上锻炼我们的肌肉，但效果还是与在地球上锻炼的情形不同。

尽管我们在太空中也锻炼身体，但我们返回地球时仍然会感到虚弱。根据我们待在太空的时间长短，可能需要经过几周或几个月才能恢复我们失去的肌肉力量。

对那些将来要去太空站或月球基地生活的宇航员来说，情况可能更糟，更不用说可能持续一年或更多时间的火星之旅了。

在太空飞行期间，肌肉不是我们身体中唯一退化的部位。失重状态还会导致我们的骨髓流失矿物质。我们很多人都不知道我们的骨骼是有生命的，可实际上它们确实非常活跃。

由于太空中不用承受重量，我们的骨骼在再造过程中也没有压力。这会影响我们骨骼的结构完整性，导致骨质疏松。

研究这一现象的唯一途径就是测试我们某些骨骼的力量，而测试骨骼力量的唯一办法就是取出骨骼。所以，美国航空航天局（NASA）正在探索不用取

出骨骼的骨骼力量研究方式。找到新的测量骨骼力量的方式会帮助我们治疗老年患者中普遍存在的一种骨骼病——骨质疏松症。

各身体系统之间的差别很大，但它们的相互依赖性也非常大。它们每天都以我们大家没有意识到的方式执行自己的任务。但愿所有太空研究的成果有一天可以帮助我们解开像心脏病、肺气肿、骨质疏松症等疾病的谜团。

探索地外生命

生命也许是世界上最神圣、最美妙的话题。我们在宇宙中是孤独的还是有自己的“兄弟姐妹”？在繁星闪烁的夜晚，当你抬头仰望星空的时候，有没有想过，在另外一颗遥远的星球上，是不是也有一双美丽的眼睛正在注视着我们这个蔚蓝色的星球？

火星：有无生命迹象的讨论仍无定论

地球上生命的诞生是因为地球具备了孕育生命的特殊条件，比如大气圈和水圈等。如果银河系或者某个河外星系的某些天体具备了地球这样的条件，是否也会产生生命呢？

科学界认为，在太阳系中最有可能存在生命的星体是火星和土星的第六个卫星——土卫六。关于火星生命的讨论曾经沉寂了许多年，其主要原因是，1976年“海盗1号”、“海盗2号”探测器在火星成功软着陆并做了生物化学实验，最后的结论认为目前火星至少在探测地周围未发现任何形态的生命。然而，后来美国科学家从南极地区收集到一颗年龄超过了40亿年的陨石，经研究认为它来自火星，最有趣的是在这个陨石上居然发现了某些似乎是原始生命的迹象。有些科学家推测这块石头的来历，大概在38亿年前，一个小天体撞到当时年轻的火星上，由于撞击强度非常大，一直撞到火星的核心，把火星的岩浆打了出来；随后，到了1600万年前，又有一颗陨石撞击了火星，这次撞到了当年的那个涌出来已经固化了的岩浆上，将它砸碎，其中有一些碎片飞到太空中。直到大约13 000年前，这块陨石偶然跟地球相遇，被地球吸引过来，然后落到了南极。这个研究一时引起了人们

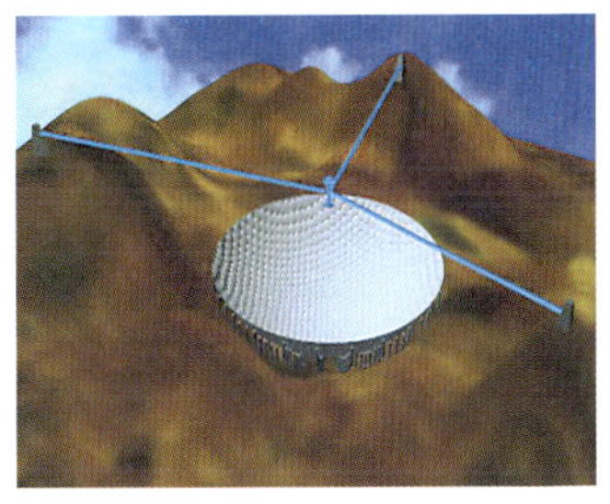
中国将在贵州建世界上最大的射电望远镜 fast

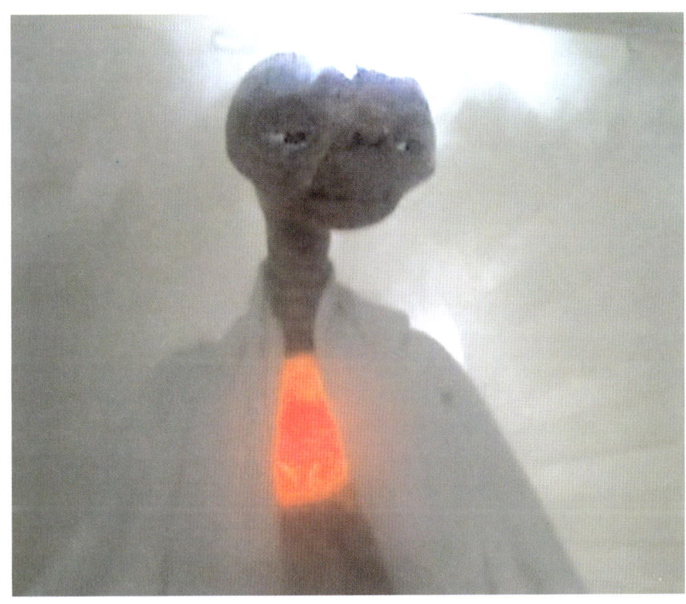
《E.T外星人》电影中的外星人

很大的兴趣，但是到了后来也逐渐沉寂了下去。因为有些科学家认为，这块陨石上面的痕迹有可能不是来自火星，而是在太空环境内受到污染，当它进入地球大气时再次受到污染所致。

这种可能性不能被排除，因此答案具有很大的不确定性。

土卫六："卡西尼"2004年到达土星后谜底正在逐步揭晓

迄今为止，已知土星有30颗卫星，也就是30个土星的"月亮"，其中有一个特别大的叫土卫六。土卫六上是否也存在生命呢？

一个以中世纪的天文学家名字命名的"卡西尼探测器"，已在2004年到达土星，它的任务中有一项是探测土卫六上有没有某种形态的生命。现在"卡西尼号"的探测工作正在顺利进行，给我们带来了许多信息，土卫六上有无生命的谜底正逐渐被揭晓。但总的说来，太阳系存在其他生命的可能性并不大。人类能否利用其他手段，离开太阳系去观察别的星球呢？

澳大利亚帕克斯射电望远镜

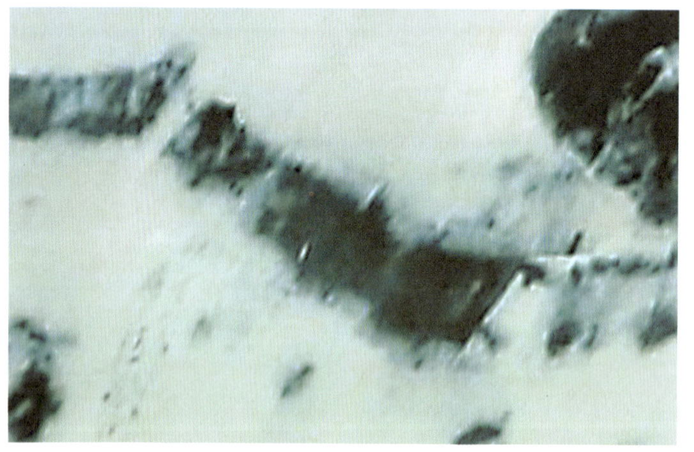
在澳大利亚发现的35亿年前的杆状细菌化石图片

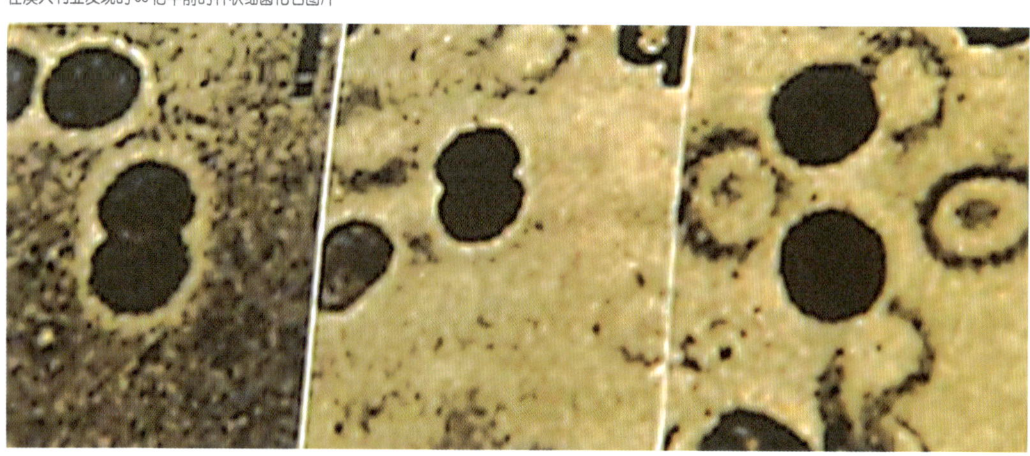
在南非斯威士兰发现的38亿年前的古细菌化石图片

宇宙之大使我们相信有可能存在地外生命

目前地外生命的探测手段之一是利用射电望远镜来搜索信号，或者反过来将射电望远镜变成雷达去发射信号。迄今为止，人类曾经有过一次大的举措：在1974年，科学家将位于波多黎各的阿雷希伯射电望远镜改作雷达用。当一个球状星团经过望远镜上空时，科学家对着这个天体，花了3分钟的时间发射了一组信号。

为什么要冲着这个星团发信号呢？因为这个星团里面至少有100万颗恒星。科学家相信，在这100万颗恒星中，有许多恒星有自己的行星系，如果其中某个行星系恰好有类似我们的科技文明，我们就有可能和他们取得联络。现在这组信号正走向远方，将在24 000年之后到达那个球状星团。

众所周知，太阳系有八大行星。在银河系中，有超过3000亿个像太阳一样的恒星，在整个人类可观测的宇宙中，像银河系这样的星系就有1000亿个，这样一个庞大的数字在支持着我们，使我们相信有可能存在着地外生命，甚至存在着理性生命。

如果地外科技文明已经给我们发了信号，但我们没有接收到；同样地，我们给地外世界发射信号，如果他们还处在侏罗纪之前的物种状态，他们也无法接收到。因此说两个高度的科技文明取得联系是需要机遇的。

综上所述，地外存在生命的可能性还是很大的，不过到现在为止，人类还没有得到任何地外存在生命的确实证据。有幸的是到目前为止，对于地外生命我们不是完全处于猜测状态，而是正在进行科学探索。相信经过一代又一代人的努力，这个千古科学之谜终将被揭晓。

目前，我国还没有用射电望远镜直接从事探索地外生命的工作，但在不久的将来，我国将在贵州南部建立一个世界上最大的射电望远镜，将来我国科学家也许会拿出四分之一或五分之一的观测时间，通过这台射电望远镜来进

浩瀚的宇宙

行这方面的研究。

不明飞行物（UFO）

宇宙中有无不明飞行物（UFO）？现在国际上成立了专门机构来汇总全世界报上来的不明飞行物事件。最近几十年以来，大概汇总了将近50万例。其中有一些不是不明飞行物，而是人造飞行器械。有的是地质、地震现象。地震前期会出现光学现象、地球物理、天文现象和生物现象等。还有部分所谓“不明飞行物”是弄虚作假。将这一切都排除后，还剩下将近5万例不能解释，所以未知飞行物是客观存在的，需要科学家进一步探索。

什么是生命？

科学家认为生命的最大的特征是新陈代谢，其次是生命应该有一个发生、发育和死亡的过程，另外生命必须能繁殖后代，能把性状遗传给后代、使之产生变异或进化，这是生命定义的三个要素。

生命是由什么物质组成的？生命主要由蛋白质与核酸等有机分子组成。

地球大概有46亿年的历史。那么地球上的生命是什么时候诞生的呢？根据科学得到的共识，地球在46亿年前诞生后又过了10多亿年，也就是30亿年前，地球的环境已经跟今日基本相似，就是说有了固态的地表、海洋和大气，而大气的成分与今天的已十分接近，所以认为30亿年前地球上诞生生命是有科学依据的。

生命是怎样诞生的？关于生命起源有好几种理论。大部分科学家认为生命是一种化学进化的过程，即生命是从非生命物质进化而来的。在1954年，美国芝加哥大学有一个名叫米勒的研究生，他做了一个模拟原始地球大气成分的实验。原始地球大气成分以4种气体为主，水蒸气、甲烷、氨气和氢气。米勒把这4种气体放在一个真空的玻璃瓶里，然后在玻璃瓶内进行放电试验。原始时期由于没有大气层的保护，闪电、雷鸣的效果非常强烈，米勒用放电试验来模拟这种效果，经过一个星期后，他居然从试验中获得了好几种氨基酸，其中有一些氨基酸就是后来组成生命基本物质的蛋白质的主要成分，这个实验表明在一定条件下，无机物可以变为有机物。有机物的出现才是生命的开始。

探索地外文明

对于人类来说，对未知世界进行探索是一种永恒的冲动，人类对宇宙和外星智慧的探索实际上就是人类发现自我的旅程，是探索人类作为物种与宇宙的相互关系的过程。说到底，是在追问：我们是谁，我们从哪里来？

人类自从诞生以来，就一直探索着自己在宇宙中的位置。但是，每一步探求都使我们更加远离宇宙舞台的中心。哥白尼的“日心说”把地球从宇宙中心踢开了，而达尔文的“进化论”又使人和猩猩拥有了同一个祖先。如果将来有一天，我们再寻找到外星生命，那么，人类唯我独尊的固有信仰也将随之崩塌。一旦认识到自己在宇宙中的真实地位，人类必将多一分理智与宽容，少一分狂妄与贪婪。

探索：了解地球的宇宙兄弟

地外文明的探索不仅是宇宙探索的一部分，同时对人类的进化也将产生深远的影响。只要文明之间存在着差别，那么就有文明发展的规律可寻。不过，这些规律必须是在掌握了许多文明进化的有效信息之后才能找到。由于地球文明是在与世隔绝的状态下演进的，所以我们只有自己进化的信息。但这种进化的未来走向如何，我们至今一无所知。现在人类正处于文明大道的十字路口，如何安全地度过技术文明的青春期，使地球文明走向成熟与和谐，已经成为迫在眉睫的问题。因此，从某种意义上说，接收和破译来自外星文明的星际通讯消息，将极大地影响人类文明的未来。

如果寻找外星文明的尝试成功了，人类和行星的历史可能完全改写。我们将发现，人和外星球上的其他物种一样平凡，生命的种子可能遍及宇宙的每个角落。比较与外星生命在生理、生态、历史、政

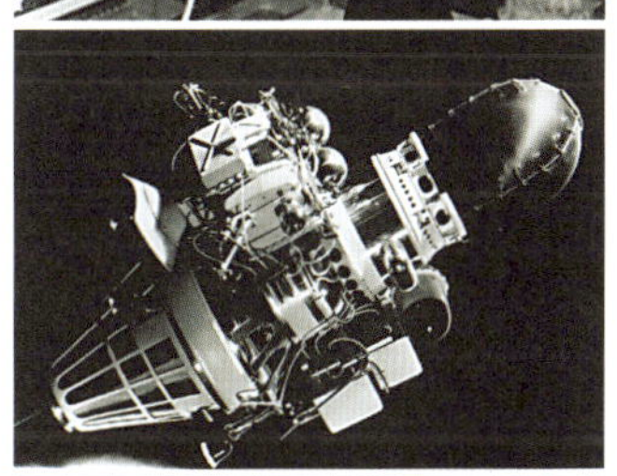

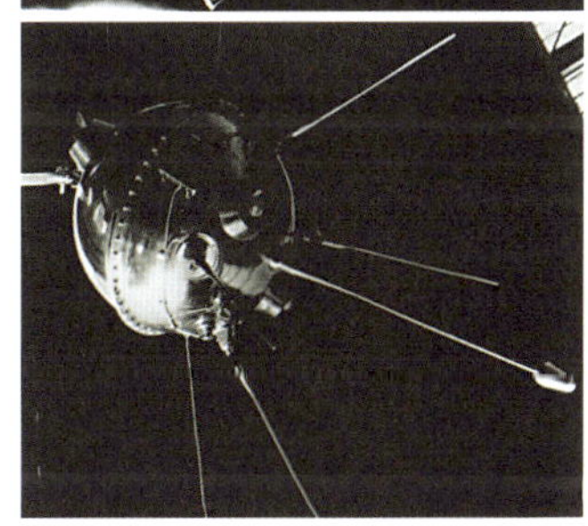

组图：早期的探测卫星

治、科学、技术、艺术、宗教、哲学等方面的异同，必将对地球文明起到无可估量的促进作用。

试图与其他文明进行接触，这是人类共同致力的努力之一。这种努力即便一无所获，也是一种成功。因为它至少可以从反面告诉我们，宇宙中的生命是多么稀少而珍贵，并可以在人类历史上首次表明我们每个人的生存价值。

如果找到外星人，我们会发现地球上种族间存在的差异，与人类和外星人的差异相比，实在是微不足道。发现地外智慧生物有可能会使我们这个争吵不休和存在分歧的行星团结起来，和谐共处。因此，我们应该继续寻找自己的宇宙兄弟。

探索：何惧路迢迢

宇宙中究竟存在着许多个文明世界，还是只有地球这一个？这是人们探索自然时经常遇到的问题，很少有比发现太空中存在智慧生命更激动人心的事了。

寻找外星智慧生命有两种思路，一种是设法让外星人知道我们的存在。另一种思路是设法收到对方发出的信号。如果我们的科技能力还不足以走出太阳系和外星人握手，那么，至少我们可以用这两种方式告诉那些远在天涯的生命：你们并不孤单。

走出地球，寻找文明

从历史上看，人类从来没有放弃过对地外文明的探索，进入20世纪，更是以前所未有的先进工具继续寻找外星生命。我们地球人曾主动给外星智慧生命送过四次礼，它们是20世纪七八十年代由美国发射升空的四个探测器。前两次发射的“先驱者号”各带着一张内容相同的“地球名片”。后两个“旅行者号”分别带着录有“地球之音”的唱片。内容包括用60余种语言问候的“你好”，中国的京剧和古曲《高山流水》以及贝多芬的《欢乐颂》等名曲，130余张图片（包括万里长城以及中国传统家宴）等。镀金铝板和喷金铜唱片经过特殊处理，几亿年甚至几十亿年都不会变形或变质。如今，这几艘宇宙飞船正行驶在超越太阳系的途中。尽管它是人类发射的最快的飞行物体，但还是得花费几万年的时间长途跋涉才能到达距太阳系最近的

我们在宇宙中也许并不孤独

恒星。

除了发送实物信息外，我们还发送无线电波寻找地外文明。1974年，地球人曾向武仙座球状星团M13发送了一封电报，它长达3分钟，由1679个二进制码0和1组成。然而电波到达那里需要2.5万年。如果真的有知音存在，他们又迅速回电，还得2.5万年后地球才能收到回信。

为了增强太空探测能力，许多国家纷纷联合起来，建造一些大型射电望远镜工程。美国和欧洲已经在智利北部山区建造大型毫米阵列望远镜，包括60台直径为12米的无线电望远镜，阵列最大直径可达10千米。目前中国正准备利用贵州天然的喀斯特洼地，建造一面直径为500米的世界最大的射电望远镜。这口“大锅”将有近30个足球场大，从聚光能力看，它等于把我们的瞳孔扩大了1700亿倍。

到目前为止，人类还没有收到外太空任何有目的、有规律的信息。我们仅仅听到地球这个小星球上的生命之声，但是，我们终于开始注意收听宇宙乐曲中的其他声音了。

探索：纵然行踪难觅

尽管人类用各种办法去寻找外星生命，但是迄今为止，我们不但没有找到经过科学验证的地外文明，甚至没有发现外星生物存在的蛛丝马迹。为什么会这样呢？

一般认为，如果以地球作为生命存在的唯一参照系，那么地外智慧生物从一个简单的生命发展到高级生命所需要的条件是十分苛刻的。从时间上看，高级智慧生物的进化一般需要40亿到50亿年。在这段时间里，行星和恒星的状态要非常稳定，不能爆炸毁灭；这个行星不能离恒星太近或太远，才能具备产生液态水的条件；而恒星要像太阳一样质量适中，并处于壮年期。

从进化角度看，导致人类产生的进化链条漫长而脆弱，它取决于几百万个独特的环节，而每个环节都有特殊的形式，并且依赖于特定的物理和化学环境。其中任何一个环节发生偏差，进化的结果可能就会完全不同。比如有的古猿进化成人类，而有的仍旧在森林中攀援。因此，生命现象在宇宙中是稀有的，而智慧生命现象就更加珍贵。

1961年，年仅31岁的美国天文学家德雷克发明了一个估算外星文明数目的方程，这就是有名的“绿岸公式”。他把一个星系里高级技术文明的数目写成一连串的概率因子的乘积：包括星系中恒星的数目；伴有行星的恒星的比率；行星产生的概率；行星允许生命发生的概率；生命演化成理性的概率；掌握了通讯联络技术的行星的比率以及文明社会的持续时间。在这些因子中，只有文明社会的持续时间很难估算。其中的每项估算代表了各种科学观点的折衷立场。以银河系为例，最终的计算结果在40万至5000万之间。文明可能要经过数十亿年的痛苦进化才能出现，然后又可能由于各种疏忽或技术灾难而毁于一旦。但是，如果自我毁灭并非星际文明的注定归宿，如果有百分之一的文明能够成功地度过技术的青春期，那么，银河系中现存的文明数目将以百万计。

但是，缺少证据并不等于找到了不存在的证据，因此继续寻找就是我们的选择。随着人类文明的进步，在宇宙这个无边无际的星际海洋中，我们和宇宙兄弟相会所需要的船只终将出现，只是需要更多时间而已。看来，这场对话只能由我们开始，再由我们遥远的后裔进行下去。

探索：有待证实的UFO

就在科学家们忙于到外太空去搜寻智慧生命的同时，地球上有许多人却声称，外星人早已来到了地球，他们乘坐的星际交通工具就是UFO——不明飞行物。

人类现在的飞行器还无法到达其他星系

从19世纪70年代开始，世界各地就不断出现目击不明飞行物的报道或传闻。尤其是到了20世纪50年代，西方的报刊不仅不断报道UFO的出现，而且还经常报道有人与UFO遭遇、汽车被UFO撞坏等奇异事件发生。各类描写UFO的读物目不暇接，不明飞行物目击事件与日俱增，至今累计已达几十万起，而且还以平均每年3000件的速度递增。

人们对UFO众说纷纭，不一而足，有人说其状如圆盘，有人说其像只雪茄，有人说它是圆球模样，有人说它移动或无声无息，或噪声如雷，有人说它尾部喷火，有人说并不喷射任何东西。有人说它飞行时或发出耀眼闪光，或放射均匀的光芒等等。

各国科学家对UFO现象是比较关注的。比如在二十世纪六七十年代，如果遇到不明飞行物的举报，科研机构往往会派人去调查。据统计，美国和英国都有1.2万余次的调查记录。结果显示，举报中的UFO百分之七十以上是飞机，这与我国报道的情况相差不大，其次是火箭、航空器等坠落的碎片，第三是气球或夜晚出现的卫星、流星、彗星，第四是特殊大气状况下出现的幻觉或雷电形成的火球等。还有的是将个人的希望和恐惧经过修改作为证据提供，甚至是为了获得名誉和金钱而编造的谎言。

但是，也有些UFO事件至今还不能得到令人满意的解释。那么，是否可以肯定它们就是外星人的交通工具呢？人们目前对此既无法证实，也无法证伪。而从严肃的科学角度来说，我们应该认为地球还不曾被外星生命和UFO造访过。人们关注不明飞行物反映了人类探索未知世界的一种冲动，也说明人类对自身环境安全的关注。

因此，外星文明存在与否是人类面临的一个世纪性难题，解决这个难题也许尚待时日，也许无果而终。但是，科学方法告诉我们，无论何事何物，必须有证据。科学幻想不能代替科学证据，推测要由实践去检验。

探索：破除宇宙学中的新迷信

在科技文明高度发达的今天，科学或许已经从人们的信仰中赶走了所谓的“魔鬼”与“巫师”。但是我们又发现，这个空白很快被那些“外星人”所填补，外星人给地球人带来的所有恐惧和激情，似乎都可以在远古时期的神话传说中找到影子。

当以大眼睛外星人作封皮的书畅销以后，外星人突然成为热门话题。有人在现实世界没有发现外星人的踪迹，就向远古时期去寻找。

有一段时间，流传着埃及金字塔是天外来客留下的遗迹的言论。这种观点迷惑了不少人。而埃及人则认为这是对他们祖先智慧和创造力的一种蔑视。埃及已经在金字塔周围挖掘出大量尸骨，他们是当时建造这些宏伟建筑的奴隶。怎能把在成千上万奴隶尸骨上修建起来的金字塔，说成是外星人所为呢？之后，又有人猜测，复活节岛海边耸立的大石块是外星人放置的，墨西哥的大地画是外星人的导航标志，这些也都被考古学家一一否定。

还有一个流传得很广的传说，认为月球是外星人建造的。月球内部中空，是外星人的一个基地。假如按其所说，月球是中空的，那么月壳要多厚才能正常旋转而不崩溃呢？经计算，构成这种厚壳的元素就要比元素周期表上最重的元素还要重几倍，这在已知宇宙中是不存在的。那么事实是怎样的呢？继“阿波罗11”号登月飞行后，美国又进行了5次成功的载人飞行奔赴月球，每次都做了一些重要的科学试验，其中最有影响的试验就是人工月震。将登月舱末段抛向月面或用三级火箭的第三段投向月面，从而形成相当于数十吨乃至数百吨TNT炸药爆炸的效果，然后根据冲击波传播的距离和震动时间判断月球结构。科学家摆了五台地震仪，分布在月球的不同位置，这些仪器总共记录了几万次人工月震和自然月震。所有的证据表明，月球是实心的，结构就像地球一样，有月壳、月幔、月核，而且越到中心，密度越大。因此，月球中心不可能有外星人居住，它也不是外星人宇宙航行的中继站。

著名科普作家卡尔·萨根在《魔鬼出没的世界》一书中写道：“假如仔细推敲人们的神学观点，我们就会发现，每当人们看不出自然界中某种事物的根源，而且绞尽脑汁也理不出头绪时，他就会推出‘诸神’这个词来解决他的难题，结束他的思考。”其实，对于极少数UFO现象等未解之谜，不论它是天外来客也好，还是自然现象也好，都应当以科学的态度对待它，仅有好奇心是不够的。

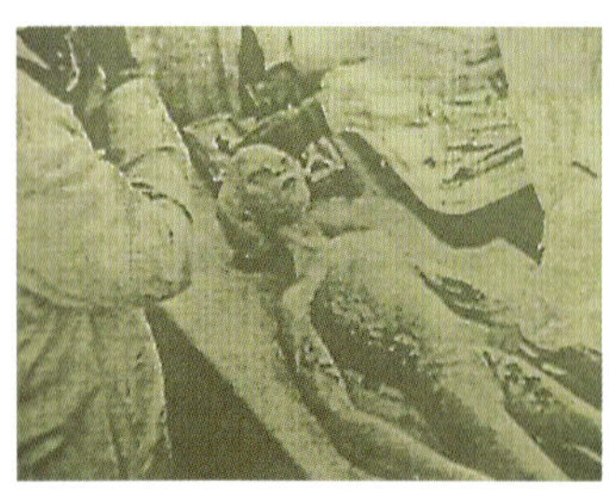

伪造的外星人尸体解剖镜头

探索：警惕宇宙伪科学

在我们置身其中的这个时代里，科学知识的爆炸性增长以及科学分类的日趋细化与专业化，部分科学知识与普通人之间的距离越拉越大。许多人更觉得科学遥不可及，这也就使迷信大行其道。我们对外星人的期盼是如此朴素，我们所乐于接受的证据也是如此轻率。

20世纪90年代初，美国曾播出一部所谓解剖外星人的30分钟长的“纪录片”。这是最大的一桩假造外星人访问地球的事件，曾轰动世界。片中说，他们解剖的是1947年在美国罗斯韦尔空军基地坠落的UFO上发现的一具外星人尸体。影片伪造得颇为逼真，但也有内行看出不少破绽。到1999年初，造谎者公开了他们的造谎过程。他们是美国人彼特曼和瓦特斯。那个外星人是瓦特斯的儿子化装的，取出的是一只鸡的内脏。为了使片子更逼真，还加入了黑白条纹，让人看起来好像是几十年前拍摄的。

一些科学理论可能会被用来粉饰封建迷信现象。比如科学上的“暗物质”、“反物质”问题，被一些人用来作为存在“阳间”、“阴间”的时髦根据。他们不伦不类地宣称：阴间就是“反宇宙”，由“暗物质”组成；或者用“多维空间理论”来解释所谓特异功能。这与真正的科学研究谬之千里，风马牛不相及。因此，利用科学的名词、术语，甚至假借一些科学原理或者他们创造的并不存在的原理来宣扬迷信是值得关注的新的迷信现象。

我国古代有条谚语说：宁可信其有，不可信其无；而大多数科学家会建议：宁可信其无，不可信其有。那么到底应该采取哪一种态度呢？

科学的核心是平衡两种看起来互相矛盾的态度，把创造性的思考和怀疑性的思考组合起来协同作用，才能使研究领域处于正轨。这两种思维方式的明智混合，是科学成功的关键，也是我们每个人面对信息时代所应该采取的态度。

黑洞——未知世界的大门

几个世纪以来，科学家们一直在探索宇宙的诞生。20世纪末，天文学家相信他们已踏上了正确的道路。远在时空的深处，他们发现了黑洞——巨大的碎片包含了不可估量的力量，在它的轨道上可以吞没一切。黑洞涵盖了一切事物开始的关键，它们是通往未知世界的大门。

黑洞是我们宇宙中最奇怪、最神秘的物体，它们像宇宙中的真空吸尘器，能吞没靠近它们的任何东西。它们没有明确的目的，只是在时空中穿梭。宇宙中人类所认知的星体有2000亿个，天文学家相信在宇宙中有无数个黑洞，通过对黑洞深处的研究将揭开宇宙形成的奥秘。

黑洞是如何形成的

继牛顿之后，一位名叫约翰·米歇尔的英国科学家猜想，有一种物体有很强的引力场，以至于连光线都不能够逃逸。对于这一理论，法国数学家及科学家拉普拉斯作了明确的解释，而最有说服力的是奥本海默和他的同事提出的理论。奥本海默和施奈德合写了一篇关于星体及星云裂变的文章，其描述与我们现有的照片非常相似。那时，人们不叫它黑洞，这个名字是后来才有的。这些观察都证明，黑洞是真实存在的。

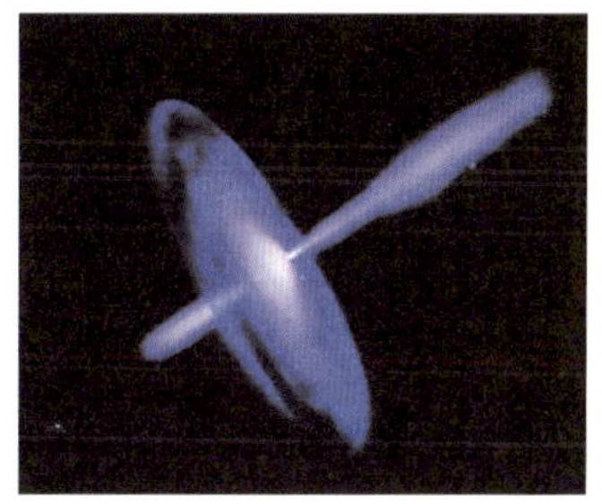

黑洞（想象图）

为了了解黑洞是如何形成的，首先需要知道宇宙是如何形成的。宇宙大约是在150亿年至200亿年前形成的。它始于无限密集且温度非常高的一个点，科学家称这一点为奇点，我们所知的自然法则对它完全不适用。在某个时刻，这个奇点突然爆发，从而形成了现在的宇宙，科学家称这种现象为大爆炸。大爆炸之后，小的气体云再一次集中起来，并在引力的影响下组合。因此，就形成像太阳一样的星体。

黑洞（想象图）

太阳的历史大约为50亿年。它不会永远存在，再过50亿年太阳将会消亡。太阳可以将光和热量送到3.8亿千米之外。这些能量来自核聚变反应，太阳中心温度高达2000万摄氏度以上，在这种高温、高压的环境中，氢会转化为氦。当太阳到了生命尽头时，它将不能承受内部聚变反应的压力。热气使太阳膨胀并使它爆裂，然后，地球上的所有生命和其他行星将会湮灭。在此过程中，太阳将会变异成一个红色的巨星。当太阳的燃料最终用完后，它可能在自身重力的作用下塌缩。许多像太阳一样的恒星最后会变成我们所知的中子星。一部分中子星会继续塌缩，直到形成黑洞。黑洞的质量比太阳大很多倍。

多个连接的宇宙

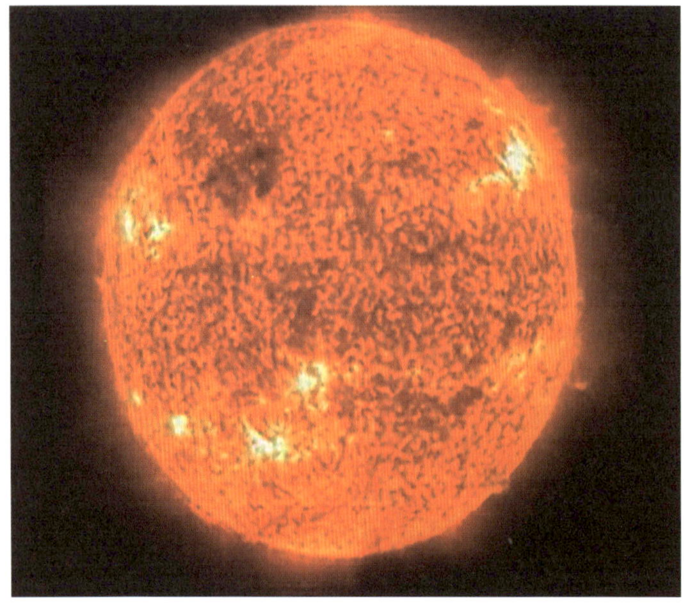
燃烧的恒星

科学家是如何发现黑洞的

渴望靠近星体是人类古老的梦。16世纪天文望远镜的出现，帮助我们解开了天体之谜。今天的射电望远镜的出现使我们能更准确地观察宇宙。1990年哈勃太空望远镜的发射升空，使我们能够观测宇宙的更深处。哈勃太空望远镜是以埃德温·哈勃的名字命名的，他早在1929年就注意到宇宙正在持续扩张。哈勃太空望远镜拍摄的银河系中心的照片非常清晰，基于这些照片科学家推测在河外星系的中心有黑洞存在，并取得了一些确切的证据。

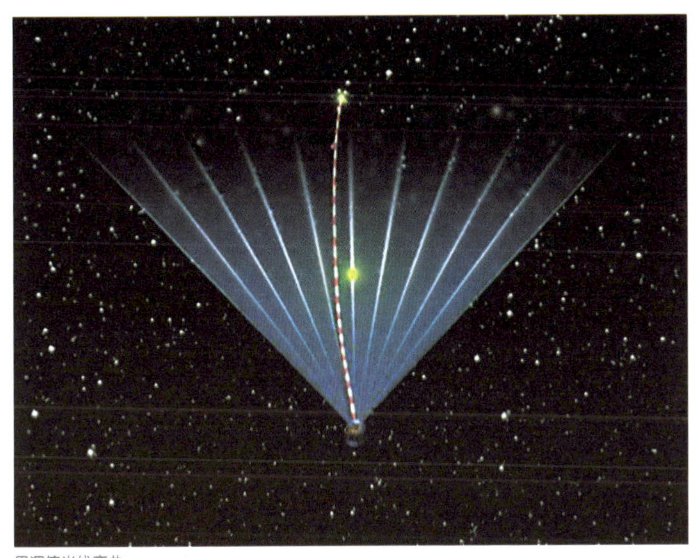
黑洞使光线弯曲

天文学家用超级照相机拍摄了6000亿个星空中的小斑点，通过高性能电脑的阅读、分析，天文学家由此在银河系中心发现了一个巨大的黑洞。黑洞并不发光，可又如何拍摄一些事实上看不见的东西呢？天文学家从中心点按某种特定的、不同的间隔来观测星体，测量它们确切的速度。结果发现和太阳系相似之处在于：越接近中心，星星移动得就越快。就像在太阳系一样，在中心处有一个强引力中心，它能控制一切。不同点在于，银河系中心不是一个恒星，而是仿佛将250万个太阳放在一个非常小的空间里。

黑洞使时空弯曲

如果一个星体比太阳大很多，那么这样一个星体会在相对太阳生命较短的时间内也就是几百万年内爆炸；如果一个星体比太阳大几百倍，那么它爆裂后的中心质量仍很大，在万有引力作用下会不断坍塌，最终形成一个黑洞。在银河系中，黑洞之所以出现在中心位置，可能是由于其巨大引力将星体拉到中心，形成了非常大的质量中心。其中的星体彼此融化，形成一个较大的黑洞，它们不断吸入其他物质、星体和气体，随着时间的推移，黑洞会越变越大。大型太空望远镜投入使用后，天文学家及宇宙学家开始揭开黑洞的神秘面纱，我们也因此了解到更多关于宇宙及黑洞的知识。

黑洞内部有什么秘密

黑洞内部有什么秘密在等待我们探索呢？所有的物质，无论是灰尘还是行星，都趋向于黑暗，被重心巨大的力量所牵引，潜伏在内部的某个地方，这就是时间和空间分离的地方。

物理学家曾相信只有三维空间，即长度的维数、高度的维数及宽度的维数。三维的意思是三个数字让我们把一切事物放置在从你的鼻尖到宇宙的尽头。爱因斯坦说要引入第四维：时间，就是说宇宙由四维组成。为了理解宇宙的性质，我们不得不特别关注时间的维数。通常我们经历时间和空间是非常困难的事情。我们已经在太空中认知了三维。通常我们看表时只是感知时间，但不能影响时间。时间的运动总是在同一个方向上进行——从过去到将来。我们既不能让时间逆转，也不能让时间停止，更不能让时间提前。自然科学家把空间和时间用数学的方式描述成一个单元：时空，时间是第四维的。在1905年，爱因斯坦提出了广义相对论来统一时间和空间。这个理论描述了一个运行的时钟比一个静止的时钟走得慢。也就是说，在一个移动很快的物体上，时间过得比在地球上慢。在飞机上，时间的延伸只是亿万分之一秒，然而，科学家们已经测出了这一点差别，这足以证明爱因斯坦的理论。

根据爱因斯坦的理论，按轨道环绕地球的宇航员，他大约每小时行驶73 000千米，时间会过得比地球上慢一些。为什么会这样呢？在广义相对论里没有绝对的时间。爱因斯坦把时间和空间作为动力来理解。因此时空不是平直的而是卷曲的。为了理解这一理论，我们想像一个空间作为一个有弹性的橡胶布，其中的星体把橡胶布压出了无数的凹坑，就像蹦床上的保龄球一样。所有的物质都沿最小阻力的曲线轨道而运行，因此，物质决定了时空的曲率，同时时空决定了物质的运行行为。在太阳周围的区域，重心使时空卷曲。太阳背后的星光沿这个曲率运行并被弯曲。因此，星体的位置对于地球上的观察者来说有些歪斜。巨大的物质能使时空卷曲，它的功能就像曲光镜。

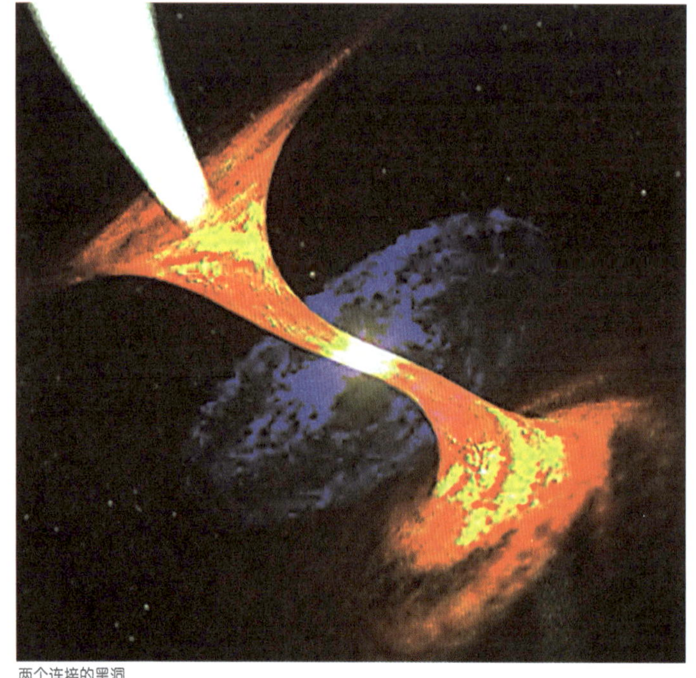
两个连接的黑洞

黑洞的奇点符合大爆炸的理论。宇宙的密度及时空的曲率在这儿是无限的。现在人类的数学不能处理无限的数字，所以奇点是抽象的点。当你到达黑洞的中心会发生什么，就像提问在大爆炸之前会发生什么一样，这个问题目前无法回答，但黑洞给我们提供了发挥奇异思想的空间。

像宇宙中真空吸尘器的黑洞（想象图）

黑洞能吸进整个宇宙吗

黑洞能吸进整个宇宙吗?在原则上没有什么东西可以充满黑洞，但是我们的宇宙正在飞速地扩张。科学家发现其他河外星系都在移动，而且它们移动的速度越来越快。如上所述，在银河系中心有一个大的黑洞，这个黑洞没有足够大的能量来停止扩张，宇宙本身也没有足够大的能量停止扩张。这样看来，宇宙终结于一个黑洞的设想不太可能发生。

如果一个勇敢的宇航员驾驶着飞船，在黑洞边缘绕行，穿过黑洞的地平线，在那里将会发生什么样的情景?他将会遭遇什么样的危险?不幸的是，他将不能告诉我们他所知道的一切。因为这是一个单程旅行。他将会被强大的引力所吸引，并且像面条一样抽出直到被扯碎。他不会生还……

如果一样东西不慎落入黑洞的中心，一些人相信也许它不会丢失，它很可能通过黑洞落入另一个宇宙，这就是虫洞理论。例如，两点之间最短的距离是直线，这是我们在小学就学到的知识。然而，物理学家认为这个结论对多维空间来说并不正确，因为多维空间中一条直线可能并不是两点间最短的距离。我们能在三维空间将两维的纸弯曲，让两点彼此接触，所以虫洞可能是三维空间之间的捷径，是最短的距离。通过多维空间的捷径——虫洞，在四维空间巨大的距离内来回移动，进行一次奇妙的时间旅行，这看起来不可思议，要能实现，可能要依赖黑洞的帮助。而科学家则排斥时间旅行的可能性。

随着历史的进程，人类已揭示了许多宇宙的秘密。但是对于那些古老的宇宙之谜你能找到真正的答案吗？有一件事是肯定的：许多问题的答案仍藏在黑洞的深处。

飞向火星

2003年的8月29日，发生了罕见的天文奇观——“火星大冲”。当时，地球与火星的距离达到最小值，对于渴望探索火星的人类来说，这是难得的大好时机。令人不可思议的是，人们今天的探测行动，竟然起源于天文学家在200年前的错误观测。

火星运河——“火星人”的缘起

早在18世纪，当望远镜的最早使用者威廉·赫舍尔用他简陋的望远镜对准火星的时候，他第一次发现：火星似乎是一个覆盖着浩瀚海洋的奇特星球。

100年后，在1890年的一天夜里，美国天文学家帕西瓦尔利用大型望远镜观测火星时，他被眼前的景象震惊了——火星的表面居然分布着许多类似管道的东西。此后，意大利天文学家乔瓦尼更进一步声称：这些有规律的管道就是火星上的运河系统，火星上很可能存在着与地球类似的、高度发达的文明。火星人也许正是利用精心规划的运河网络，构筑着他们的世界。一时间，关于火星人的种种推测不胫而走，银幕，更被形形色色的火星生物所占据。

火星

与此同时，“火星上是否有生命存在”也成了科学家关注的焦点。

尽管火星是太阳系中距离地球最近的一颗行星，但是，它与地球之间的平均距离仍然达到了8000万千米以上，这是地球与月球之间距离的200倍。要飞越如此遥远的距离，任何飞船都至少需要航行长达9个月的时间。以目前的能力，人类直接登陆火星并不现实。所以，利用遥控探测器探索火星，就成了科学家的首选方案。然而，就算是无人探测器，如果距离过于遥远，仍会给飞行控制造成困难，计划失败的风险非常之大。

幸运的是，天文学家发现，2003年8月29日，发生了罕见的天文奇观——“火星大冲”。地球与火星的距离达到最小值，这对充满风险的火星探测无疑是个好消息。在天文学中，每当火星运行到与地球和太阳成一条直线时，就被称为“冲”。如果这种现象正好发生在火星与地球最接近的时候，就构成了被称为“大冲”的天文奇观。对于火星来说，这是每隔15到17年才有一次的奇特现象。此时，从地球到火星的距离仅有5000万千米左右。对于渴望探索火星的人类来说，这样的年份就是难得的大好时机。

火星大冲

屡战屡败的历史——火星上是否有生命

人类一共发射了37枚探测器探测火星，却只有16次成功，最早是绕着火星飞行，或者擦过火星，拍几张照片，随着技术的进步，开始在火星上软着陆，仔细地考察火星。

不幸的是，随着1976年“海盗号”在火星表面的成功着陆，人们发现，这里除了干涸的河道，不仅没有火星人，甚至看不到一滴水的踪影，想象中的“火

探索火星

火星表面干涸的河道

星文明”根本无迹可寻。人们恍然大悟，根本没有什么运河的存在，火星的表面是一个很荒芜的世界，没有一棵树，没有一棵草，也没有水。火星上经常有台风和沙尘暴，它的沙尘暴是全球性的沙尘暴，很长时间都难以降落下去。火星也有南极北极，也有冰盖存在，冬天冰盖扩大，夏天冰盖缩小。经过探测证明火星不像地球一样，有一个统一的偶极制的磁场。地球有南北磁极，月球没有磁场，而在火星上却发现有很多磁场，就是有许多个南北磁极。这三个天体是绝对不一样的，月球是已经死亡了，像一块大石头，所以没有磁场，里面没有电流的流动，而地球正处于壮年期，是很旺盛的时候，所以火山、地震活动还很剧烈，而火星是一个接近死亡的天体。

这是一个令人失望的星球。它的大气中，二氧化碳几乎占到了96%以上，尽管它的北极也有冰盖，但它们却是由二氧化碳凝结而成的干冰。那么，这个沙暴肆虐的星球有没有可能孕育出生命呢？

最重要的证据就是火星表面干涸的“河道”。从照片上看，它们就像一条条被流水冲出的痕迹，如果真是这样，那么，历史上火星就一定有过液态水，与此同时，生命的出现也就有了极大的可能。

问题是，如果它们确实是河道，那么，水又到哪里去了？难道火星上真的曾经有过生命吗？如果火星的确有过生命，证据又在哪里呢？

来自地球南极的新证据——火星陨石

正当人们对火星生命充满疑惑之际，科学家在地球的南极有了新的发现。在南极的阿兰山脉，一颗来自火星的陨石引起了人们的注意。这是一颗编号为84 001的火星陨石。

令人惊奇的是，在显微镜下，陨石中显露出了清晰的磁铁矿晶体。它们与地球上细菌所造成的晶体非常类似，那么，它们会不会是来自火星的细菌化石呢？在电子显微镜的帮助下，科学家很快就发现，陨石中确实隐藏着许多蚕蛹状的细小物体，它们有可能就是来自火星的细菌化石。

这一发现立刻引起了巨大的轰动，地外生命的存在似乎已经确证无疑。令人兴奋的是，如果它们的确是火星生物，它不仅将首次证实火星生命的存在，而且，就连地球上的生命也极有可能同样来自火星，也就是说，我们的祖先可能曾生活在这颗神秘的星球之上。

然而不久之后，随着研究的深入，许多科学家却对这一发现提出了置疑：这颗陨石在抵达南极之前，不仅经历了漫长的太空之旅，而且还穿越了浓密的地球大气，并在南极静静地躺了10万年之久。

那么，我们今天所看到的陨石，会不会在这漫长的过程中已经受到了污染呢？这些看似细菌的化石真是来自火星吗？它们会不会仅仅只是地球上的普通生物呢？使太古时代的样品保持原样不受污染是非常困难的，它只要穿过大气层，一旦进入地球环境，就开始被污染，如果我们去火星带着样品返回地球，也可能发生同样的事情。

飞向火星——未知的结局

探索火星生命面临的问题还远不止于此。我们所能见到的地球生物，无一例外都是由碳元素构成的。但是，如果火星上有生

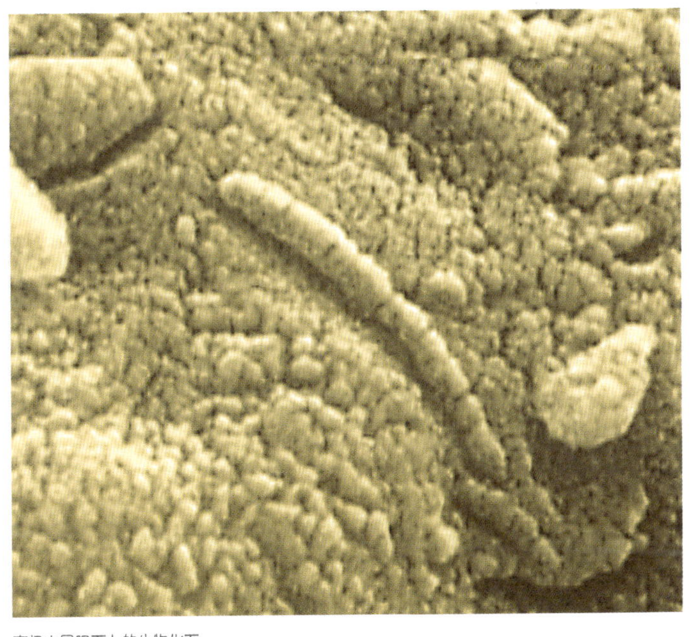

南极火星陨石上的生物化石

星际旅行还遥远吗?

命存在，它们又会是什么样子呢？如果它们并不像地球生物这样是由碳元素构成的，那么，情况又会怎样呢？ 如果那儿的生命是不一样的，如果它不是以碳元素为基本元素，而是由某种奇特的化学成分构成的，那问题就来了，你可以去那儿，可以是载人或者不载人的计划，你直接从生命旁走过，却从来不知道它的存在。可以肯定的是，无论得到什么样的生命形式，都将证明地球之外仍有生命，证明有存在于我们星球之外的生命，它不仅将有助于解释人类的起源，还必将对我们的生活产生深远的影响。

一旦在火星上找到生命，就能证明地球生命也是源于一些简单的分子，这就说明进化是可以再现于其他地方的，这就意味着生命可能无所不在。生命在宇宙中也许是普遍现象，这样对于“在宇宙中我们是孤独的吗”这一古老问题我们就有了答案。通过科学家的努力，我们已经对火星有了许多新的认识，随着技术的进步，或许在数百年以后，人类还将把火星改造成适于居住的星球，到那时，火星这颗神秘的星球就将成为人类的又一个家园，移居火星的梦想也将最终变成现实。

火星探测之旅

火星大概经历过两次截然不同的阶段：一个是温暖湿润的阶段，它的表面曾经存在过河流和水；一个是荒凉干燥的阶段，就像我们今天看到的这个样子。

不管火星自身发生过怎样的变化，人类都非常需要了解它，因为这对保护今天的地球有着重要的意义。尽管火星探测的过程充满了挫折，但以今天的科技发展和人类的想象力来看，在未来对火星的探测和研究将是无限的。在这颗红色星球的秘密逐渐被揭开时，新的机遇就会来临。

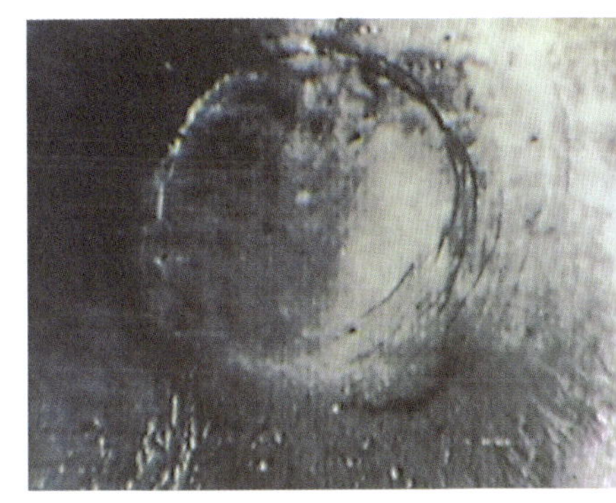

1971年发射升空的火星探测器“水手9号”每天将540亿字节的数据传输回地球，为人们揭开火星的秘密，它共发回了7000余张照片，让人类第一次看到了整个火星的真实面貌。这是火星上的一座火山——太阳系内最大的火山奥林匹克火山——的照片。“水手9号”还发现另外一座低平的、直径超过1500千米的火山。

火星，古希腊人称它MARS，即“战神”的意思。多少年来，这颗太阳系中的红色星球一直吸引着科学家和无数的天文爱好者。从20世纪60年代至今，人类发射的火星探测器或与探测火星有关的探测器共37个，其中成功16次。

“水手谷”大峡谷。这是“水手9号”在火星上发现的太阳系内最大的峡谷。峡谷几乎跟整个美国一样长，约1000千米宽，10千米深，使火星的一侧形成一个巨大的裂缝。

1975年8、9月，美国发射了两个“海盗号”火星探测器，它们都带有着陆舱，目的是去火星上寻找生命——如果能发现生命，这会是一次革命性的试验。卡尔·萨根是这一探险的主要推动者和宣传者。这是“海盗号”的登陆舱拍下的火星表面的岩石。

“海盗号”带给人们更多的是失望，找到火星人是它的主要目的，但根据着陆舱的数据，火星表面既像寒冷而干旱的沙漠，又像严冬里没有任何生机的河谷，那里没有任何生命存在的迹象。

1992 年，“火星观察者”发射升空，目的是考察火星的气候情况和火星表面矿物质的分布情况。但是，当它靠近火星、推进系统准备点燃助推火箭使它进入火星轨道时，所有的联系都中断了，探测器消失在火星大气中。“火星观察者”的消失是火星探测 27 年来的第一次失败。

1996年12月4日，“火星探路者”到达火星，“探路者”上的火星漫游车在火星表面的成功行走再一次说明，火星在人们的意识里是一个在许多方面可以和地球相比较的客观实体。同年，“火星全球勘测者”进入了环火星轨道，它的任务是拍摄火星表面高清晰度照片，研究天气和气候以及火星地表成分和火星大气。

1998年，“火星气候轨道器”发射升空，它的任务是研究火星天气系统及其长期影响。但工程师之间出现了一个简单的沟通上的错误——数据设计时采用的是英制单位，但飞船导航小组却以为使用的是公制单位，因此他们得到的数字有4.4倍的偏差——使得“火星气候轨道器”激昂的战歌变成了悲壮的绝唱。

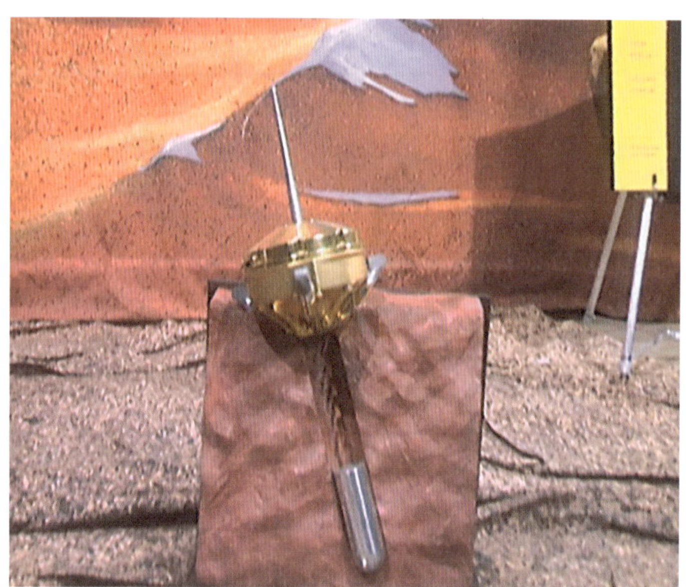

这是1999年发射升空的“极地登陆者”上携带的“深空2号”针型探测器，它将在“极地登陆者”进入火星大气准备着陆时被释放。这个探测器大约有一个篮球大小，计划以每小时400英里的速度撞击火星表面，深入火星地表，监测地质学方面的数据。

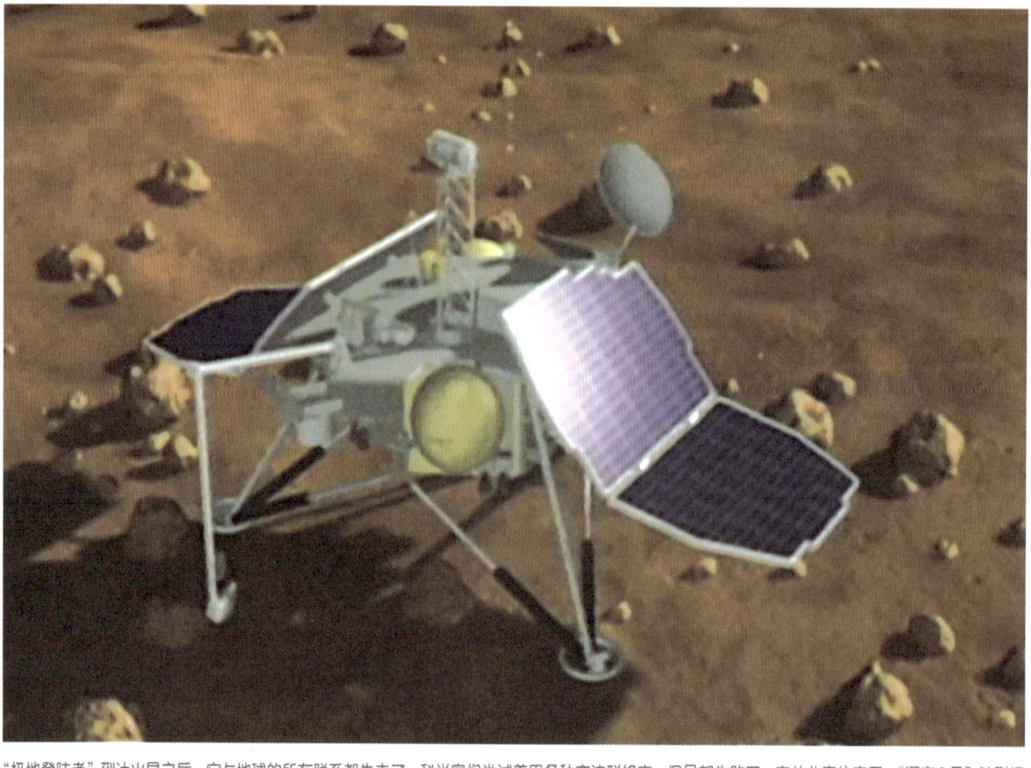

人类首次成功地将探测器送上火星是1964年美国发射的“水手4号”。“水手4号”取得了令人惊异的成绩：它拍摄了21张火星的照片并以很低的速率发回地面。这些照片改变了人们以前通过观测对火星的认识——它看起来有点像地球，人们现在知道——它看起来更像月球。

“极地登陆者”到达火星之后，它与地球的所有联系都失去了。科学家们尝试着用各种方法联络它，但是都失败了，它从此音信杳无。“深空2号”针型探测器也随之无影无踪。

载人航行当然是非常具有挑战性的。飞往火星单程大约需要7个月。飞行小组必须携带足够使用2年的给养，而且必须能够适应飞往火星途中或在火星上可能发生的任何情况。（想象图）

NASA 的双胞胎机器人火星探险漫游者——“勇气”和“机遇号”分别于2003 年6月10日和7月7日踏上飞往火星的旅程，它们已于2004年1月4日和1月25日分别在火星上不同的位置着陆。它们最主要的科学目标就是在大量的岩石和土壤中寻找火星上过去有水活动的线索。

载人宇宙航行是在火星上建造永久基地的基础。我们期待着火星基地能够尽快建成，这样人类就能尽早地踏上火星这块神秘的土地。（想象图）

现在，美国、欧洲航天局、日本等国家或组织都已制订了各自长远的火星探测计划。今后20年内，每两年发射1~2个火星探测器，全方位地开展对火星环境、大气、岩石、水及内部结构构造等的探测与深入研究。

欧洲航天局的"火星快车"星际自动站于2003年2月2日发射升空，在2003年12月25日抵达火星轨道。其使命主要是寻找火星上是否存在水的证据以及对火星大气和土壤成分进行分析等，以探寻火星上可能存在的生命痕迹。

大型的国际空间站正在建造中，将来它可以作为人类探测月球和火星的空中驿站。

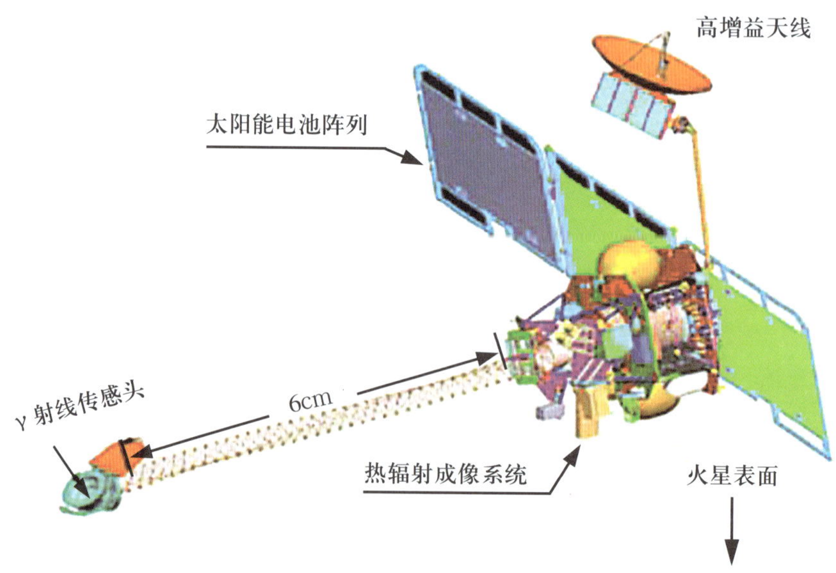

NASA的"奥德赛"火星探测器于2003年10月24日成功地进入火星轨道。有水才能有生命，NASA的火星探索计划也是以水为主线的：寻找火星的地表水和地下水的蕴藏；火星大气中的水；地质历史上火星表面被水冲刷过的痕迹等。2004年1月，"奥德赛"正式展开科学考察活动：绘制元素分布图、地图、找水、测定火星辐射环境。2004年6月以后，"奥德赛"的主要科学使命完成，它将为后来的美国及其他国家的火星探测器充当中继站。

未来的太空开发

星期五晚上，未来的航天飞机准备就绪，一组人员开始登机，准备在太空中度过周末。 或许，你还可以在火星上做一名园丁——这些，不会永远是梦想。

月球和太空港是我们通向行星的跳板

未来的航天飞机，像飞机一样起飞和爬升，在达到足够的高度和适合的速度时，飞行员起动火箭发动机。未来的航天飞机在太空中飞行，从机场到轨道上是个连续的过程。图中是设想中的太空中的舱轮，星期五晚上，未来的航天飞机准备就绪。在起飞前半个小时，一组人员开始登机，准备在太空中度过周末。处在头上的天空和脚下的地球之间的这个舱轮，不但是个旅游地，也是一个太空港，是去月球和火星旅行的中转站。当移民到月球上以后，从地球轨道上转运货物和人员，要比直接从地球上转运更有效也更经济。月球上的重力仅有地球的1/6，非常适合作为中转站向火星运送人员和货物。而在更远的火星上，有更多的移民，这里有全封闭人造基地，由月球基地来建造和服务。而火星又将成为人类向更远太空进发的中转站。异想天开吗？但这是现实。国际空间站就是在环地轨道上组装的这样一个太空舱轮的雏形，它的核心舱由俄罗斯提供，

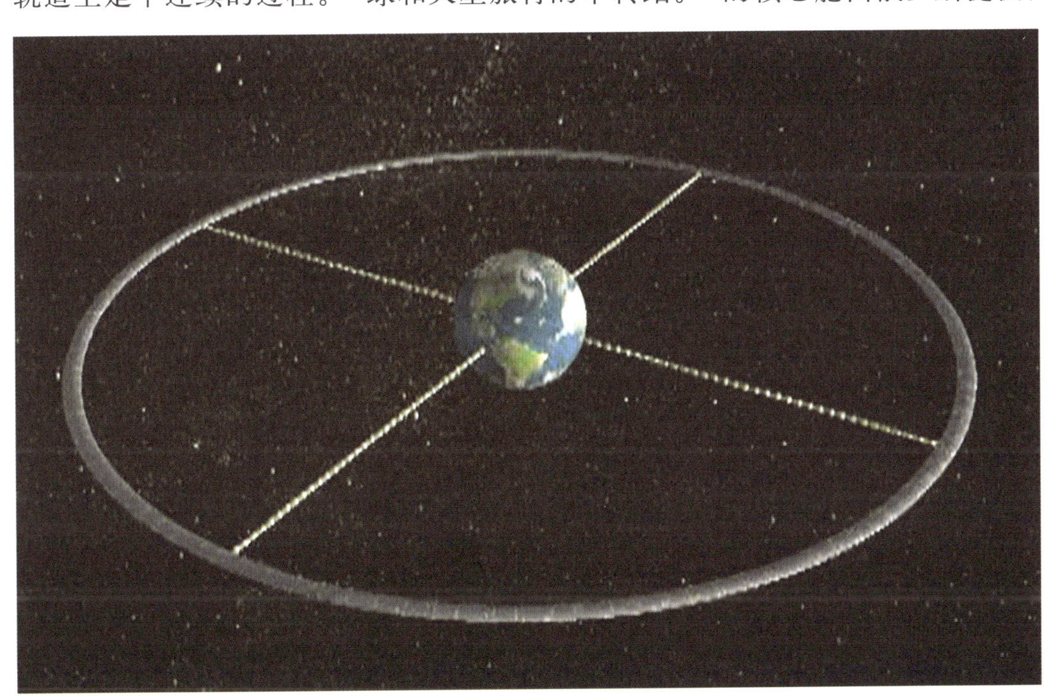

在赤道上建四个这样的通天塔，成为一个以地球为轴心的巨大轮子的四根辐条，这将不仅仅是想象。

而其他部件则由美国、加拿大、欧盟和日本提供。

生活在国际空间站是惬意的

国际空间站由13个国家共享，因此拥有多国的宇航员。而机器人则像一个检测球，它在监护宇航员的太空行走，同时也检查飞船的结构状态。机械手能重新摆放舱位，每一个都可以管理足球场大小的构件。开始时，用老的航天飞机，将宇航员送上去，他们的救生艇是“联盟号”飞船，这种飞船曾用作俄罗斯“和平号”空间站的渡船。国际空间站里会有很多房间，每个宇航员可以有六间，宇航员的每次旅行大约90天。生活在国际空间站将是惬意的，要比“和平号”豪华得多。国际空间站耗资1000万亿美元，它将接替“和平号”继续未完成的使命，主要的目标是检验在太空中长期生活的各种效应，这对把人类送上火星是非常重要的。

未来的国际空间站（想象图）

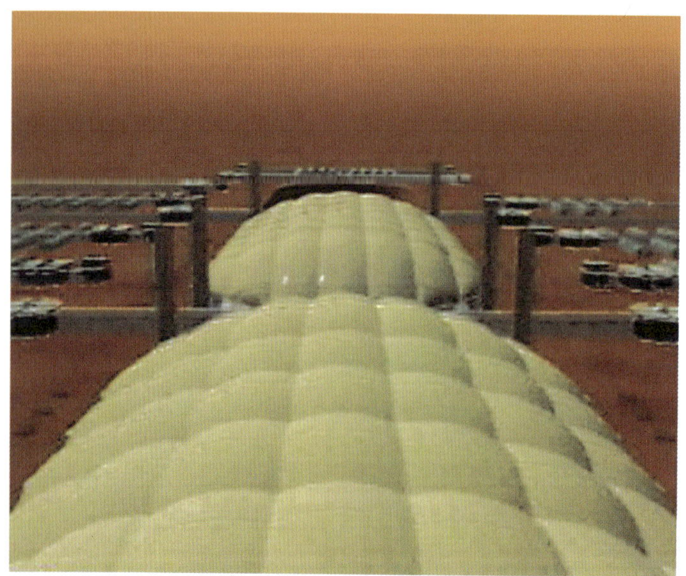

未来人们可能会生活在火星的泡状房间里（想象图）

生活在火星的泡状房间里

这是21世纪晚期，从地球轨道上发射火箭去火星。有了国际空间站这样的太空港，就可以向红色的行星移民了。在离开地球数百万千米的火星上，有个人类的城市。人们生活在泡状结构里，密封的回廊、实验室、工厂、办公室和宿舍，离开泡状结构，如果没有宇航服就面临死亡。这个城市是自我维持

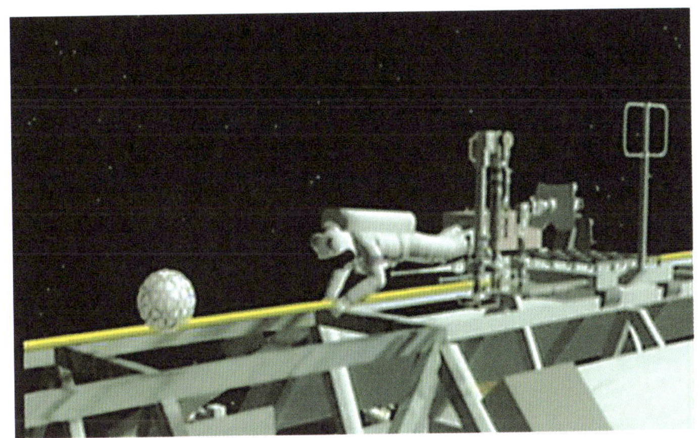
形似检测球的机器人在监视宇航员的太空行走

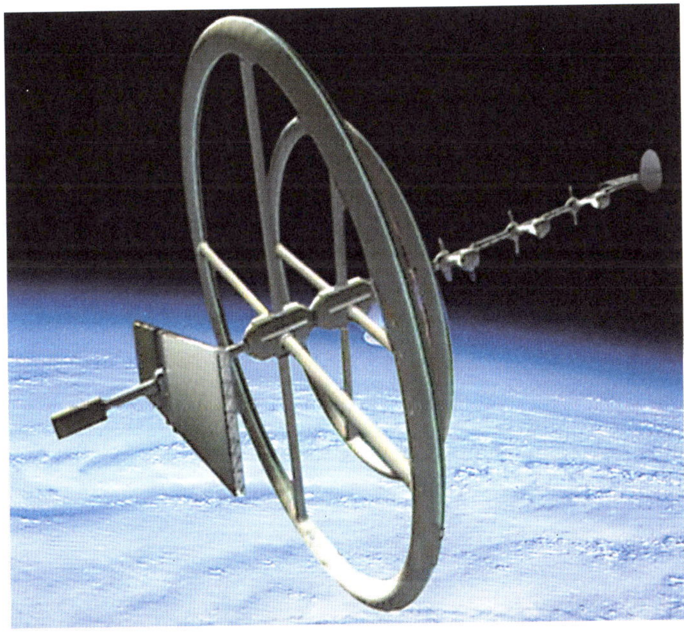
未来的太空港 （想象图）

的，生物圈生产食物，能源是太阳能，任何东西都是可再生的。能不能使火星变成像地球一样的环境，从而摆脱宇航服呢？可能行吧，但至少需要10万年才能引入可供呼吸的大气。

到更远的外行星去旅行

从未来的太空港也可以到比火星更远的地方去旅行，像到冥王星这个太阳系最外面的矮行星，至少要花15年的时间。推进系统和燃料限制了我们，使我们无法走很远。太阳能可以提供帮助，但是到外行星的旅行，太阳光会逐渐减弱，我们旅行得越远，太阳光越暗，但是还有太阳风呢，这是一种从太阳吹出的粒子，用个很大的帆来收集太阳吹出带电粒子，也可以使飞船前进。到太阳系以外就需要新的推进器了，即使以1/10的光速前进，也至少需要40年才能到达最近的恒星。可目前这样的旅行，只能是科学幻想。那么下一步究竟去哪儿？月亮和火星肯定是首选，金星怎么样呢？我们能否驱散金星上的云层，使其失控的温室效应恢复正常，从而移民呢？可能的办法是在金星大气中种植绿藻而吸收二氧化碳，放出氧气。这样随着温室气体减少，金星表面温度下降，水也可能在金星表面逐渐积累，蒸笼般的气候逐渐凉下来，生命才可能立足。这可不是短期的事情，只有经过数十万年，金星才能开始像地球。

来自天外的见证

广西百色地区，考古学界的一个重要发现，引发了一场持续了近半个世纪，关于人类进化历程的争论。

人类的诞生，是我们星球上最重要的事情。地球40亿年的历史为人类的出现作了充分的准备，而人类进化的过程大约开始于500万年前，有一些灵长类放弃了动物的本能而以智能的方式去寻求生存，他们用工具代替生理器官来使自己生活得更好，而工具的使用最终使人类有别于其他动物，并进化了语言。

五十年多年前，美国哈佛大学著名的人类学家莫维士，将早期人类划分为两种不同文化的拥有者：一种是掌握进步技术，能打制工艺复杂的手斧；另一种早期人类不具备这样的能力，只会打制粗陋的砍砸器和使用未经加工的石片。

1938年他参加了美国人类早期考察团，然后他就提出了一种理论，西方以地中海为中心，包括整个非洲、欧洲还有西亚，是一种以手斧为特征的文化区，东亚和东南亚地区的人只能使用简单的工具。这条无形的、后来被学术界称为“莫氏线”的鸿沟将西方的灵巧的直立人同他们认为不那么聪明的东方早期人类划分开来，认为东亚人类不仅在文化上，而且在基因上可能都处于一种隔离的落后状态，莫维士进而把亚洲大陆贬低成为一个“保守”、“文化滞后的边缘地区”。他认为，在过去200万年间，亚洲气候保持稳定，这种环境对生活在那里的人类缺少刺激，使他们不思进取，世世代代处于死水一潭的状态。

手斧，是测量早期人类智力发育水平的一项重要指标，这种工具表明当时人类的想像力和对工具整体设计能力已发展到了一定的高度

1973年中国科学院野外考察队在广西百色盆地，意外地发现了以手斧为代表的十多件打制石器。1986年，考古工作者对百色盆地开始了持续14年的科学考察，随着工作的进一步深入，旧石器时代的遗址接连不断地呈现在他们的眼前，采集石器多达三千多件。但是，由于年代久远，所采集的石器的年代无从确定。曾经在这里的古人类究竟在历史的哪个时期在这里繁衍生息，他们所拥有的文明距今到底有多少年，一直是悬而未决的谜。

百色旧石器有几种工具。一种是砍砸器，一种是手斧。手斧是百色旧石器最典型的工具，砍砸器，在打制的时候比较随意，这种工具的主要任务是砍树，砍砸动物的骨头，所以叫砍砸器。手斧是两面打制而成的，这边打，同样另一边也打，而且要打制出一个尖，所以手斧跟砍砸器的区别就是加工方法完全

不同。

手斧经过两面打击，两面加工，技术要求高，砍砸器就不需要这么多加工，很简单地打击一下即可成形，所以不需要很多的思维。由于莫式线理论涉及早期人类进化和东西方文化发展格局这一问题，因而半个世纪以来一直是学术界争论的焦点。中国学者在中国的云南、陕西蓝田等世人公认的人类祖先的聚集地曾经发现过手斧，但是，由于数量少，加之缺乏有利的年代证据，所以，没有被广泛认可，也未能动摇“莫氏线”在中外学术界的统治地位。

手斧，由于打制工艺相对复杂，因此成为测量早期人类发育水平的一项重要指标。

广西百色盆地手斧发现开始受到了国内外考古学家的关注。它的出土是否能够证明东西方早期人类差别的学说是错误的呢

国内外考古、地质、古人类学等有关专家和学者纷至沓来，深入百色盆地开展考古调查、研究。划分地层是考古工作中十分重要的一项工作，因为在考古时，对于出土文物年代的判定往往就来源于地层的划分。考古队员们将石器出土的地层仔细地划分开来，希望能从中找到问题的答案。我们在发掘时都是由上往下，层层揭露，然后根据各个堆积层的土质、土色进行地层划分。

广西，独特的亚热带雨林气候使这里四季如春，也形成了这里独特的景观和色彩鲜艳的红土。然而，就是这色彩鲜艳的红土却给这些考古队员们带来了意想不到的困难。

这是一种呈强烈酸性的土壤，在以往的工作中，考古学者一般靠划分地层后，在同一地层出土的化石来判定年代，这是考古学常用的方法。但是大自然似乎与造访这里的学者开了一个玩笑，由于红土中含有强烈的酸性物质，不利于保存古生物的骨骼，以致最具有断代标准的古生物化石没能保存下来，从而缺乏准确的断代依据，使得这些研究者在判断遗址时代时无法依靠古生物地层学的手段。腐蚀性强的红土，将古人类的一切佐证都封存了起来，这也是几十年来，对于这里出土的手斧年代问题争论的根本原因。

就在考古学者一筹莫展的时候，在一个遗址中的一次偶然发现，使这一切似乎有了新的希望

玻璃陨石，南方的老百姓称之为雷公石，是彗

星撞击地球的产物。1993年，考古学家发现，在广西百色旧石器遗址中有一处遗址有大量陨石，而这些陨石在一个考古挖掘现场与许多古人类所制作的手斧、砍砸器等石器在同一个地层出土。

玻璃陨石与所发现的旧石器一同出土，这一发现，如同在黑暗中让考古学者们看到了一线曙光，因为他们知道，这也许就是解开旧石器年代之谜的唯一钥匙。根据考古学的规律，它们所隶属的年代大致应该是相同的，学者们用科学的检测方法，对来自天外的玻璃陨石做了最终的年代判定。

测量得出两个数据，一是73.1万年，第二个数据是73.3万年，两个数据进行平均得出73.2万年。

百色手斧的年代距今70多万年，这一突破性的发现，成为百色旧石器研究的新热点，也因此成为学术界最关注的事件。但是，这些玻璃陨石是否能推断出百色旧石器的时代，却引起了考古界一些专家的置疑。因为，在非洲，早期人类常常用陨石制作工具或护身符祈求平安，所以有关学者认为玻璃陨石的出现很有可能要早于这里早期人类生活的年代，用陨石来判定旧石器时期的具体年代并不可取。

玻璃陨石

面对各种假说，考古学者困惑了，如何能够证明这些出土的玻璃陨石并没有经过人为的搬运，它的出现也没有经过外力的作用，这是一个至关重要的问题，也是唯一能够说明陨石与旧石器时代的手斧属于同一年代的理由。

在广西博物馆的考古学者对一个名叫上宋的遗址的挖掘工作中，随着挖掘工作的深入，考古队员们惊奇地发现，这里埋藏着大量的玻璃陨石。考古学者们将玻璃陨石出土的地点的周边的土样采集回去，发现了小到0.5厘米以下的陨石碎屑，从放大镜上看，这些陨石碎屑上没有人工痕迹，明显是原地埋藏的。学者认为，在玻璃陨石与地面碰撞的一瞬间，由于撞击的原因，就会有玻璃陨石的碎片出现，在掉落的陨石周围找到了碎片，也就为悬疑的问题找到了圆满的答案。这些考古学者多年的探索终于有了满意的结果，玻璃陨石的到来与这里的人类遗迹是在同一个时期，这就为揭开这里古人类的时代问题找到了答案。这一发现，引起世界考古界的轰动，美国著名的《科学》杂志，以灵巧的东方直立人为题，专门发表了学术文章。

大约80万年前的一天，一道刺眼的炽热的白光照亮了远古的上空，一个火球快速地向地球方向坠落。在超高压、高温的冲击波作用下，火球与地球相撞的瞬间膨胀爆炸，这些四处飞溅的熔岩散落在地面上，冷却后形成玻璃陨石。生活在这里的人们目睹了这一切。从此，这些玻璃陨石永远留在了这里，等待着考古学家们的光顾。

世界考古学界和人类学界半个多世纪以来的争论终于有了一个圆满的结论。

彗星大冲撞

2005年1月12日，美国佛罗里达州卡纳维拉尔角空军基地，一枚大推力运载火箭喷射着烈焰拔地而起、直刺苍穹。从表面上看，这是一次极普通的火箭发射，没有丝毫的特别之处，但172天后，一艘由这枚火箭送上太空的、飞行了4.31亿千米的飞船却成为了人类对宇宙探索历程中的一个里程碑。因为它所携带的一个名为“深度撞击”的航天探测器，出色地完成了一次人类历史上前所未有的、最为壮观的宇宙空间科学实验。

“深度撞击”踏上漫漫征程

在完成4.31亿千米的太空旅程后，“深度撞击”抵近目的地——“坦普尔1号”彗星

彗星是太阳系中数量最多和最不为人所知的天体。虽然在古代的中国，就有很多关于彗星的纪录，但是直到近20年来，人类才有了几次近距离观测彗星的机会：第一次利用空间技术对彗星近距离观测是在1986年，那一年哈雷彗星走到了地球附近，“乔托号”探测器测量出哈雷彗星彗核的长径是16千米，短径是8千米，并为其绘制了三维图像；第二次是在1998年发射的“深空1号”探测器，它于2001年飞近并成功探测了“坡瑞利”彗星；第三次是1999年欧洲发射的“星尘号”探测器，它于2004年成功地在“怀尔德-2”彗星的彗尾上取样，并于2006年回

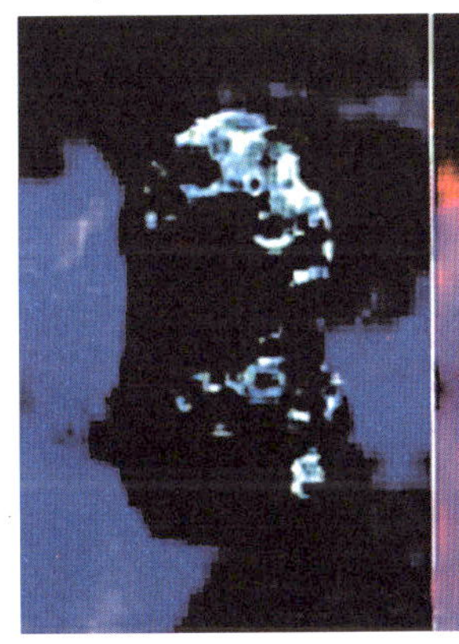

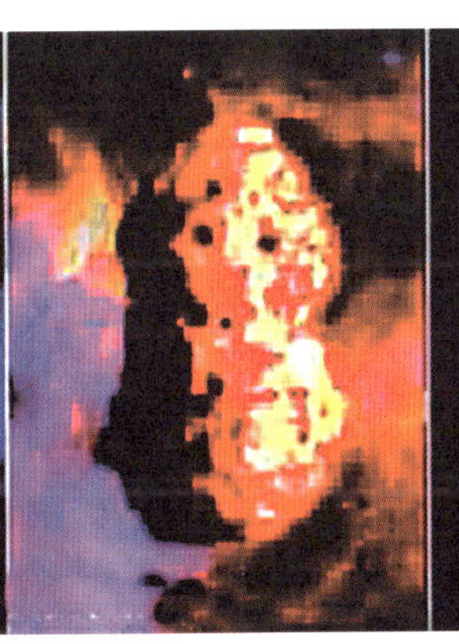

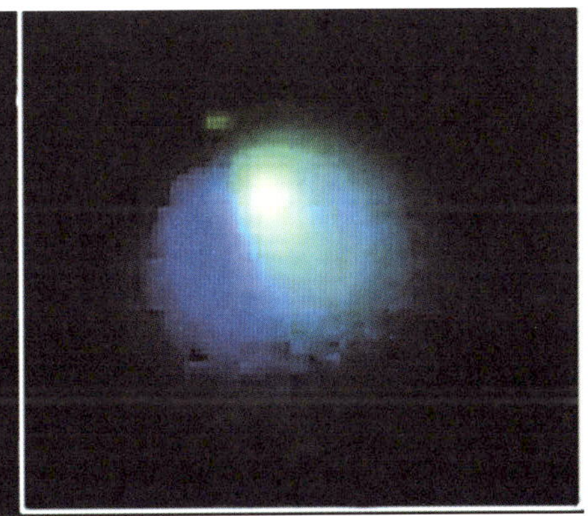

组图：“坦普尔1号”彗星模拟图

归地球……

正如哲学意义上从量变到质变的转化一样，人类对彗星的认识同样经历了一个从最早充满敬畏的顶礼膜拜到后来被动地发现一些变化规律的漫长过程。而如今，人类终于可以反客为主了，因为“深度撞击”将以37 000千米的时速与“坦普尔1号”彗星的彗核对撞，从而在太空中制造出绚丽的人工天象。

肩负三大使命

人类耗工弥大的这次宇宙空间科学实验，当然不是仅仅要看一下天际间的“焰火效果”，而是希望通过这次实验来为一些困惑人类已久的疑难找到科学、明确的解释。

其一：很久以来，学术界对彗星的构成存在着两种截然不同的观点，并一直激烈地争论不休。一种是已故美国科学家惠普提出的“脏雪球模型”说，另一种为大多数科学家所认可的说法认为彗星由坚硬的岩石构成。而通过撞击人们就可以了解彗星本身的结构。

其二：由于彗星没有地质运动，并主要来自于远离太阳、寒冷的柯伊伯带(太阳系海王星之外的部分，这里有为数众多的小行星等天体)，其内部很少发生化学反应，因此它的表层下可能含有太阳系原始的成分。科学家们希望通过这次实验来得到关于太阳系早期物质状态的一些信息，以研究太阳和行星的起源。

其三：有相当一部分科学家一直认为组成原始生命的基本物质可能最早来自于太空。他们猜想，包括地球在内的太阳系行星，大约很久以前可能都曾受到过彗星的密集轰击，而随后地球上就出现了生命，两者之间可能存在联系。因此，“深度撞击”的一项间接使命就是考证“生命起源于太空”这一说法的可能性。

“深度撞击”的冲撞器在撞击彗星前2秒钟时拍摄到的最后一张彗星表面照片

装备精良　身手不凡

中国有句俗话：没有金刚钻，别揽瓷器活。那么，“深度撞击”肩负如此重大的使命，它又是凭借什么来完成这一艰巨任务的呢？

据专家介绍，“深度撞击”由飞越器和撞击器两部分构成。其中飞越器的大小约等于一辆福特汽车，重约380千克。内部装有高性能的中央处理器和高稳定性的控制系统，它还装备了一个固定的太阳帆板及小的镍氢电池、高增益天线、碎片防护装置、高分

深度撞击示意图

辨率成像仪和中分辨率成像仪等，依靠34米波长的X波段无线电与地球指挥部和撞击器保持通信、收发指令。它的主要功能为：①传输数据。当撞击器撞上彗星的小段时间内，探测器记录数据会急速增加，其初始数据信号将通过天线立刻传输回地面，而随后的数据将在一个星期内传输完毕；②观测记录撞击过程。在彗星被撞击的24小时前，“深度撞击”将释放撞击器。这时，飞越器将降低速度、改变航线，在距离彗星500千米以内观测撞击并记录全过程；③收集和分析彗核样本。在撞击发生后，飞越器通过光学成像和红外线频谱对撞击出的彗星内部物质碎片进行扫描，观察撞击后瞬间彗核的变化。然后对撞击过程、撞击坑的形成及坑内部情景进行摄像，获取彗核及撞击坑内部的能量谱。接下来再存储并发送图像和能谱数据，同时还要接收撞击器发回的数据、收集彗星内部物质样本、分析彗核的结构和组成等等。

撞击器的大小与人们常见的，重约370千克，用铜合金制成，它将起到一个牢固结实的锤子的作用。因为由铜与其他材料制成的合金不会被高速运动及撞击产生的高温所熔化，也能避免在撞击之后与彗星物质发生化学反应。它安装有一台“撞击者目标遥感器”，用来在飞向彗星的途中导航并进行必要的轨道修正和姿态控制，当它撞击彗核时能够产生相当于4.5吨TNT炸药爆炸时的能量。此外，它还将为飞越器提供冲撞前全过程的照片。

正是鉴于有了以上“精良的装备”，2005年7月4日，北京时间13时59分(美国当地时间7月3日22时59分)，全球数以亿计的科学家、天文爱好者以及普通大众借助于互联网、电视等看到了一个从未出现过的壮观场面：撞击器高速消失于彗星，并在其表面产生了一个巨大的闪光，彗星上溅射出大量的

撞击瞬间的模拟图

撞击后彗星的景象

内部物质，并生成了蘑菇云……事后从传来的图像上，人们看到了在撞击后的彗星表面上出现了一个巨大的黑窟窿。专家推测：撞击所产生的温度至少有几千摄氏度，撞击器可能撞击后蒸发了。

收获颇丰 如愿以偿

“深度撞击”不辱使命的出色表现令人们大饱眼福、令科学家收获颇丰。

收获一：通过传回地面的图像显示，彗星的形状及构成与已故的美国科学家惠普所预测的一样，其表面与其他星球的火山口有较多类似之处，质地非常松软且多灰。于是一位科学家“戏说”道：“看到它坑坑洼洼的样子，就无法不令人想到一块大松饼或是一条长棍面包。”进而科学家推测出彗星表面以下看似冰雪的东西很可能由太阳系一些原始物质构成。

收获二：以往借助于光谱分析方法，科学家已经发现了太空中的确存在多种有机分子，而把有机分子、水分带来地球的主要载体就是彗星。这次撞击，在一定程度上验证了“地球上的水分主要来自于太空”的说法。

收获三：检验了人类太空遥控技术的研究成果。收获四：通过这次实验，科学家对于日后“拯救”地球有了更为直观、可靠的“方案”——假使日后有彗星危及到地球的安全，人们已经知道了如何使彗星停止或改变“航向”的方法。只是，这需要更大的“炮弹”来完成使命……

期待再度辉煌

万事开头难，但人类毕竟已经迈出了这艰难而又坚实的第一步。展望未来，“罗塞塔”将成为人们关注的下一个热点。“罗塞塔”是由欧洲宇航局研制的一个彗星探测器，它先于“深度撞击”于2004年3月发射升空，将用10年的时间去追赶“丘留莫夫——格拉西缅科”彗星，并最终停留在这颗彗星的上空，成为它的人造卫星。同“深度撞击”一样，“罗塞塔”也是一个子母航天器，但它携带的是一个着陆器——“菲莱”。与“深度撞击”不同的是，“菲莱”将在彗核表面实现软着陆。它的任务是在彗核表面钻一个深度超过20厘米的洞，从彗核的表层以下提取物质，然后放到显微镜下研究。

此外，“罗塞塔”还将环绕彗核飞行将近两年的时间，伴随彗核逐渐接近太阳，从而观察彗核上的物质升华形成彗发和彗尾的全过程。从长远看，人类是在不断进步的，因此有理由相信，在“深度撞击”这坚实、成功的第一步跨出之后，不断的惊喜将会接踵而至。因为，科学无止境，探索无极限。

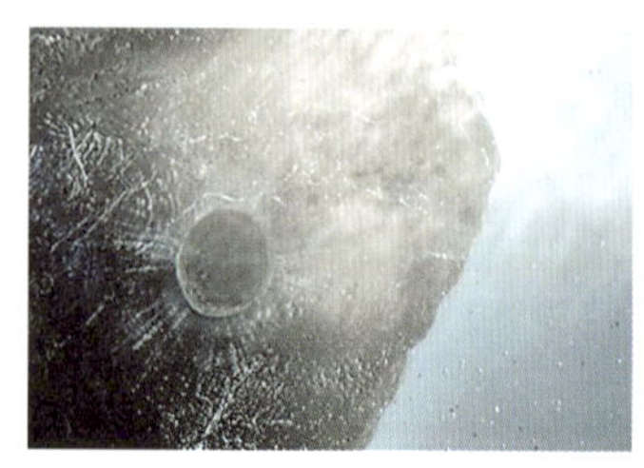
撞击的结果类似于一个弹坑

神舟之路

载人航天不是一件容易的事情，当“神舟五号”把辉煌耀眼的一面呈现给世人时，背后曾经有过一些什么样的故事发生呢？“神舟”系列飞船又走过了怎样的路程呢？

随着“神舟五号”飞船的成功返回，很多原来让人们感到好奇、渴望了解的问题都在逐步揭晓答案。载人航天不是一件容易的事情，当“神舟五号”把辉煌耀眼的一面呈现给我们的时候，背后曾经有过一些什么样的故事发生？“神舟”系列飞船又走过了怎样的路程呢？

1986年4月：中国载人航天计划确定

围绕着载人航天如何起步，在航天科学家之间展开了严谨的学术论证，这场学术论证，持续了三年—— 三年过后，航天科学家们要作出最后的决定。截止到那时，人类已经研制出的载人航天器共有三种：载人飞船、航天飞机和空间站；考虑到中国的实际情况，他们放弃了研制价格昂贵、风险较大的航天飞机的设想，认为载人飞船更适合中国的国情。

1992年9月21日：正式立项开始研制载人飞船

飞船本体工作由中国空间技术研究院来承担，众所周知，前苏联的尤里·加加林已于1961年飞入太空，而美国人也于1969年完成了载人登月，与这些航天技术发达的国家相比，我们已经处于落后状态。

飞船的起步已经晚了，飞船的水平就不能再落后，在一些关键的技术上还要有所超越。

1995年6月30日：对“神舟号”飞船的方案进行最后审核

要审核的模型已几经完善，它被设计为三个舱：位于飞船底部的推进舱主管飞船的动力，返回舱是宇航员升空、返回和生活的座舱，是飞船的核心舱，轨道舱安装了众多的仪器，可以对地进行观测，是宇航员在空间开展各项工作的场所。

与其他国家不同的是，“神舟”系列飞船一船多用，当返回舱返回地面以后，轨道舱还可以继续在空间进行科学探测和实验。但这样的设计意味着无形中增加了很大的难度，不仅如此，完成第一艘飞船的最后期限被确定为1999年，这无疑是一次超越极

1995年6月30日西山会议，对“神舟号”飞船的方案进行最后审核

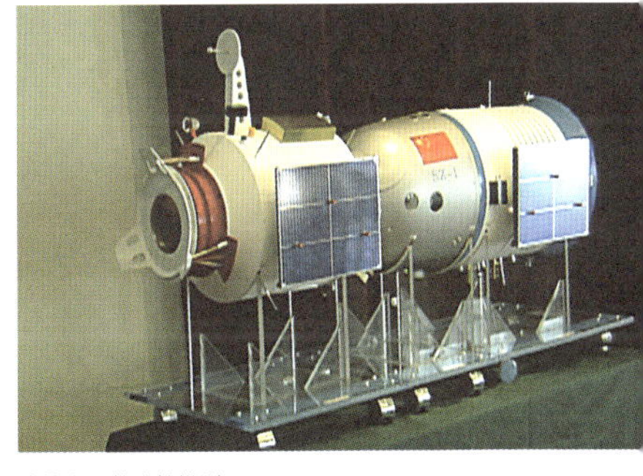
这是当时的审核模型

组图：航天科学家们按不同的实验需求造出四艘无人飞船的初样分别进行力学实验、机械性能实验、热性能实验和电性能实验。这样不仅可以及时发现问题还节省了大量的时间。这在世界上也是绝无仅有的。

限的挑战。

要真正把人送入太空面临着种种困难，首先要研制出推力足够大，可靠性极好的运载火箭，其次还要了解人体在空间环境中所能承受的极限条件，并找到防护措施，还要有可靠的救生和安全返回技术。

空间环境与陆地环境有天壤之别，太空中高度真空，没有氧气，没有水，人体暴露在这样的环境里，由于身体内外的巨大压差，体液一分钟内就会迅速沸腾汽化。而且太空中还充满了对人体有害的宇宙辐射。失重环境还会使人体发生平衡功能紊乱和其他病变。特别是飞船上升、返回阶段的加速和减速过程会使人体产生巨大的过载。因此飞船中一定要配备能供人正常生活的空气、水、温度等基本生命保障条件。

要考虑的因素如此之多，时间如此之紧，在这种情况下，科学家们提出了一个大胆的设想：按不同的实验需求造出四艘无人飞船的初样，分别进行力学实验、机械性能实验、热性能实验和电性能实验。这样不仅可以及时发现问题，还可以节省大量的时间。这在世界上也是绝无仅有的。航天科学家们又大胆提出将四艘实验船改装后上天的设想，“神舟一号”诞生了，目标是“上得去，回得来”。

1998年4 月：在酒泉卫星发射中心，第一次实地合练

3年的时间，总共解决了17项关键技术，但能否把它们运用到飞船的工程中去呢？这只有到实际的演练中去验证。从1998年4月起，酒泉卫星发射中心要连续进行实战演习。首先，为了考核飞船与新型运载火箭、发射场之间的协调性，要进行载人航天工程发射场合练。1998年7月整流罩横向解锁实验；1998年8月进行了三次“船

航天员参与演练

载人航天工程发射场合练，1998 年 7 月整流罩横向解锁实验

1998 年 8 月进行了三次“船一罩”逃逸分离实验

1998 年 10 月进行首次“0 高度”逃逸救生实验

一罩”逃逸分离实验；1998年10月进行首次“0高度”逃逸救生实验。这些实验的成功显示，“神舟号”飞船的研制终于走过了最艰难的初样阶段。此时，航天工程指挥部下令利用1999年考核火箭运载能力的机会，发射一艘以考核返回技术为主的无人飞船，时间就定在1999年10月到11月之间。这意味着飞船的发射，比原计划的发射时间提前了一年。

面对这种情况，航天科学家们大胆提出将四艘实验船改装后上天的设想。并拟定了“上得去，回得来”的目标。仅用了半年的时间，他们完成了实验船的改装，“神舟一号”诞生了。

1999 年 11 月 20 日凌晨：“神舟一号”点火升空

实验飞船围绕地球运行 14 圈后，于 1999 年 11 月 21 日凌晨准确软着陆在内蒙古预定的回收区。

1999年11月到2002年3月，我国先后成功发射了四艘无人飞船，其间大量的实验多是围绕人的安全和耐受能力来设计进行的，因为保证宇航员的安全是最至关重要的。

国际上航天失事有很多都是在火箭发射的过程中出现的，因此要保证宇航员的安全就要设计逃逸系统。远望飞船，其顶部有个酷似避雷针的装置，被

“神舟一号”实验飞船围绕地球运行 14 圈后，于 1999年11月21日凌晨准确软着陆在内蒙古预定的回收区。

称为逃逸塔。它高达8米，在火箭起飞前900秒至起飞后160秒的时间段内，飞行高度在0千米到110千米时，如果火箭发生故障，就可以启用逃逸系统，逃逸塔可以拉着飞船甩掉出毛病的火箭，另行降落救生。

美国曾经发生过这样一件事，一艘飞船在返回时，没有落在预计的地点，出现了落点偏差，宇航员在返回时落到了海里，险些丢掉性命。由此看来，落点的精确度也是一个危及生命的问题，中国的航天科学家们经过十几年的研究和不断改良，使得“神舟”系列飞船在返回时从来没有出现过落在指定回收区以外的现象，目前已处于世界最先进的水平。

神舟五号总设计师　戚发轫

2002年12月30日：“神舟四号”飞船发射成功

“神舟四号”被科研人员称为完善型，已达到了载人航天的水平，这意味着“神舟五号”已被确定为载人飞船。如今的唐家岭航天城，已成为21世纪具有国际一流水平的航天基地。在这里，“神舟五号”飞船系统双管齐下，进行飞船发射前的综合测试以及航天员与飞船的联合演练。航天科学家们围绕着载人航天的关键性技术，进行可靠性与安全性的验证实验，目的很明确，就是确保载人飞船安全可靠。

2003年8月1日，“神舟五号”飞船发射实验队，到达酒泉卫星发射中心，开始了前期的准备。9月下旬飞船飞空实验队、回收实验队相继到达各自的展位开始紧张的工作，承载着中华民族飞天梦想的“神舟五号”就要启航了。2003年10月15日9时：“神舟五号”飞船准时发射，在太空深处第一次传来来了中国人的声音，当宇航员杨利伟在太空停留了21小时，以误差不超过7千米的落点返回地面时，不仅圆了中国人几千年的飞天梦想，也验证了中国航天科学家的实力与智慧，他们付出的十几年、甚至更长时间的努力终于有了收获。不过载人航天飞船的成功运行，只是中国人太空计划的第一步，“神舟”飞船也只是运载工具。目前我国已经启动无人月球探测的“嫦娥”工程，并为将来探索、开发月球做着准备。

浩瀚的宇宙无边无际，太空之梦充满了诱惑。从古至今人们不断在用自己的智慧和生命铺设起一条光荣的荆棘路，从遥远的过去通向遥远的未来。

飞天神箭

中国是火箭的故乡，2003年10月15日，中国人利用自主研制的“长征二号”F运载火箭把中华民族第一位航天员成功地送入了太空，翻开了中国人探索太空的新篇章。

“长征”火箭

2003年10月，秋高气爽，这是一个收获希望的季节。在酒泉卫星发射基地，中国的航天专家们正在为“神舟五号”载人飞船的发射进行着紧张的准备工作。

承担“神舟五号”发射任务的是新一代大推力运载火箭“长征二号”F火箭，它有一个响亮的名字——神箭

“长征二号”F火箭是由中国运载火箭技术研究院为主研制的，它是一种带有4个助推器的两级大推力运载火箭，是我国“长征”系列火箭家族的新成员。“长征二号”F火箭是为发射载人飞船量身定做的。要将载人飞船送入太空，火箭是必不可少的运载工具。

1992年，国家正式启动载人航天工程，中国运载火箭研究院的科学家们在“长征二号”捆绑式火箭的基础上，开始了将载人飞船送入太空的新一代火箭——“长征二号”F火箭的研究工作。尽管已经有了几十次卫星发射的成功经验，尽管有了“长征二号”捆绑式火箭，但对于载人航天的研究，科学家们深感责任重大。

既然是载人，核心就是要确保航天员的安全，我们搞载人运载火箭一开始就以安全为核心来开展设计来开展生产，来全面进行管理。承担载人发射的火箭与以往火箭的最大区别就是要求高安全性、高可靠性。这对火箭的设计、研制工作带来了新的挑战。这是一场全新的攻关，一次新的长征。“长征二号”F火箭有比较高的安全性要求，指标是0.997。

发射架上的中国火箭

"长征二号"F运载火箭是为发射载人飞船量身定做的。

火箭飞船组合体被垂直运往1.5千米外的发射塔

也就是说即使火箭出现问题，航天员的安全性也要达到99.7%。火箭专家说，发射载人飞船是一项不允许失败的事业，高质量、高可靠、高安全是载人航天的生命线，简单的数字背后，是一项庞大复杂的科研工程。

为了达到高可靠性、高安全性的要求，"长征二号"F运载火箭采用了50余项新技术，其中十多项技术达到国际先进水平。其中，火箭的控制系统采用了冗余设计，就是控制系统配有备份，万一主系统出现故障，可以迅速切换到备份系统上保证火箭正常工作。

冗余就是让一个以上系统共同工作并互为备份，在有一个系统出故障的情况下，另一个系统能够马上顶上来，来使这个火箭不至于在有一个系统出故障的情况下完全失败。"长征二号"F火箭上还增加了自动故障检测处理系统，这套系统可以在飞船待发射阶段和上升阶段自动进行故障检测，一旦有问题便会自动报警。

由于具有了完备的控制系统、先进的故障检测系统和逃逸救生系统，"长征二号"F火箭成为我国目前最先进的运载火箭，无数次的各种地面试验也使它可靠稳定的飞行性能得到了初步的检验，这为中国航天员安全可靠地进入太空提供了有力的保证。

火箭发射阶段的技术同样至关重要，为此，专家们瞄准了国际上最先进的"三垂技术"

运载火箭是高度精密和复杂的航天运载工具，同时它又十分娇气。当它经过长途运输来到发射场时，必须给它来个全面体检，一切正常才能发射。以往首先要在技术厂房对火箭分段检查，然后再运往发射塔总体安装。这时火箭由平躺变成直立状态，并连为一体，因此，要对它进行多次总检查，火箭往往要在露天环境下矗立十多天，给检查安装带来很多不利。

在"长征二号"F火箭身上首次采用了一种全新的"三垂技术"，就是对火箭进行垂直组装、垂直测试、垂直运输。

三垂技术是目前世界一些航天大国采用的新技术。它的出现给火箭发射带来许多便利。在美国、欧洲空间局和日本的火箭发射场，三垂技术都有应用。根据实施三垂技术的需要，酒泉卫星发射中心建起了垂直总装测试厂房，火箭发射前的技术准备工作几乎都在这里进行。

当“长征二号”F的各级火箭，“神舟”载人飞船和逃逸塔被运到发射场后，首先在各专门的检测厂房内完成本系统的检测调试。在助推器和各级火箭组装调试完毕后，“神舟”飞船和火箭顶部的逃逸塔分别进入垂直测试总装厂房，在活动发射平台上组合成完整的火箭，然后进行航天员、火箭和飞船间的联合测试演练。

箭船组合体经过测试演练，被垂直运往1.5千米外的发射塔，一个边长24米、重达780吨的活动发射平台保证了火箭的平稳运输。活动发射平台外貌粗犷，运动起来却十分精细。它的起步停车缓慢平稳，行进时可以无极变速，还能调节水平度，这么大一个运动机械加上火箭近480吨的重量，能够十分精确地进入火箭发射位置，误差不超过3毫米。三垂技术与其他先进技术使“长征二号”F火箭成为我国最先进的新一代大推力运载火箭。

当中国自行研制的“长征二号”F火箭矗立在发射塔架时，吸引了全世界的目光。为了便于在长途运输中穿过桥梁和涵洞，中国火箭比国外火箭更显苗条。发射塔前“长征二号”F挺拔的身姿让世界同行相信，中国的火箭技术达到了世界先进水平。

1999年11月20日，“长征二号”F运载火箭初战告捷，把“神舟一号”飞船成功送入太空，奏响了中国人进军太空的序曲。随后，2001年1月，2002年3月，2002年12月，“长征二号”F火箭一次次在惊天动地的呼啸声中，以雷霆万钧之势直刺云天，将“神舟二号”、“神舟三号”、“神舟四号”飞船送入浩瀚苍穹。“长征二号”F火箭为自己“神箭”的称号写下了完美的注解。

发射台上的火箭

2003年10月15日，不负“神箭”称号的“长征二号”F火箭带着载有中国航天员的“神舟五号”飞船、带着中华民族的千年梦想一飞冲天。从祖先在敦煌壁画里描绘的飞天畅想，到万户升空的悲壮故事；从“东方红”卫星发射成功后的欣喜期待到今天我国航天员成功实现太空遨游，中华民族的飞天梦经历了太多的期盼。

让我们再次重温中国载人航天取得首飞成功的时刻，这段融合光荣与梦想、忠诚与奉献的长征之路。在中华民族梦想成真的这一刻，让我们记住“神箭”和它的研制者们。

太空之旅

“神舟五号”飞船和有着“神箭”称号的“长征二号”F火箭经过技术人员最后一次全面测试，万事已备，即将开始中国人的第一次太空旅程。

2003年10月15日9时整“长征二号”F型火箭点火升空。火箭起飞之后一切正常，速度也越来越快，当火箭飞行到高度约39千米时，逃逸塔分离。

2003年10月15日9时整 “长征二号”F型火箭点火升空

逃逸系统的应用，让宇航员的太空之旅变得更加安全可靠。尽管这些系统的研制让航天科学家付出了极大的心血，但人们还是希望它们永远不发挥作用。未来将有更多的中国航天员走向太空，这些安全系统将带给他们一路平安。火箭飞行到56千米高度时，助推器和一级发动机分离，因为它们的燃料已经用尽。火箭依靠第二级发动机继续推进。

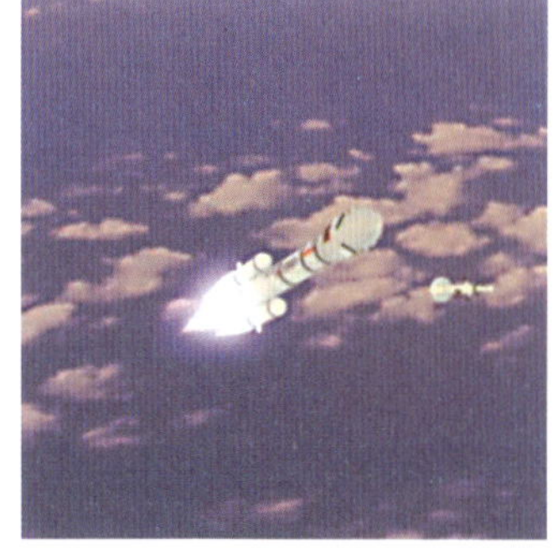

火箭起飞之后一切正常，速度也越来越快，当火箭飞行到高度？9千米时，逃逸塔分离。

逃逸系统是“长征二号”F火箭研制中一大难关，逃逸系统就像航天员的保镖，一旦出现危险，它能带着航天员迅速远离危险区域，安全着陆。在“长征二号”F火箭发射和飞行过程的不同阶段，都可以实施逃逸。在火箭等待发射的阶段，如果出现燃料泄漏起火或箭体倾倒等意外情况时，逃逸塔上的发动机会提供强大的推力，使它携带飞船迅速从现场逃逸。在火箭起飞后120秒时间内，高度39千米以下，仍可以在逃逸塔的帮助下实施低空逃逸。而当火箭发射120秒后会抛掉逃逸塔，此时帮助逃逸的任务交给整流罩上的高空逃逸发动机来完成。

坐过飞机的人都会有这样的感受，当飞机起飞时，人体会感觉到有一股压力压在座椅上，严重的甚至会感到胸闷憋气。这种现象就是由飞机加速度造成的超重，也叫过载。我们在飞机上感觉到的超重一般只比原来体重多了百分之二三十。火箭的加速也会给航天员造成超重的感觉，航天员采取躺卧姿势。巨大的轰鸣声以及火箭的加速会使航天员身上感到3～4倍体重的压力。如此大的超重，对于常人而言，有可能感到心悸和恶心，但对于训练有素的航天员来讲早有思想准备，完全可以忍受。

当火箭飞行到112千米高度时，整流罩分离；至此火箭将冲出大气层进入太空

距地面199千米时，船箭分离，飞船在距离地球表面200千米的高度进入飞行轨道；此时，飞船的速度是每秒7至9千米

进入飞行轨道后，飞船展开太阳能电池阵，并对太阳定向。此时飞船就像一叶小舟，置身在浩瀚的银河之中

仰望苍穹，我们总会觉得浩瀚的星空是那样充满诱惑，但是，一旦我们进入太空，失去大气层的保护时，就会发现外面的世界并不是只有精彩。太空里没有空气，氧含量只有地面的十亿分之一甚至更低，是一个高真空环境。因为没有空气传导热量，受到太阳光照射的面，温度会很快超过100℃。而阴影面，温度会接近零下269℃。在如此大的温差下，人类如果没有采取保护措施是根本无法生存的。除了高真空和极端的温度以外，太空中还存在着许多看不见、摸不着的X射线、γ射线和高能粒子。这些射线和粒子流在空间高速飞驰，强大的辐射和轰击也是对航天员生命的威胁。

最危险的辐射就是粒子辐射，那是一种带电的，或者是不带电的粒子辐射，这些粒子用人的肉眼是看不见的，也感受不到，但是它进入人体的内部，会使人的器官组织受到损伤，甚至造成死亡，例如，暴露在宇宙射线中，会让人患上白血病，所以人要进入太空的话一定要被保护起来。

我国的“神舟五号”飞船是宇宙飞船的一种，采用三舱段结构，分别由推进舱、返回舱、轨道舱组成。飞船总长8.8米，最大直径处2.8米，入轨重量7600千克。返回舱载着航天员上天和返回地面，它是密封的，里面可以调节空气压力和含氧量，而且有特殊的材料可以起到防辐射的作用。同时，为了对抗剧烈的温差和超低温的环境，飞船的里面还设有热循环系统，它可以加温，也可以散热，航天员会感觉到很舒服。

在这次“神舟五号”发射之前，为了确保航天员着陆时的安全，人们分别在陆地和海上进行了飞船返回演练。如果“神舟五号”着陆地点出现较大的

围绕地球飞行了14圈的"神舟五号"再次飞临南大西洋上空时，在这里的远望号测量船向它发出了返回指令。飞船返回地球的艰险旅程开始了。飞船自动减速，从飞行轨道上脱离。如果飞船在这时发生故障，飞船上备有应急返回装置，可由航天员激活，不需要地面支持，使宇航员能够自主控制飞船的姿态和轨道。在飞船返回时，如果遇到气候异常等原因不能返回到主着陆场时，"神舟五号"还具有返回其他着陆场的能力。

当高度降低至140千米时，再将推进舱分离出去。此时伴随航天员的只有返回舱。

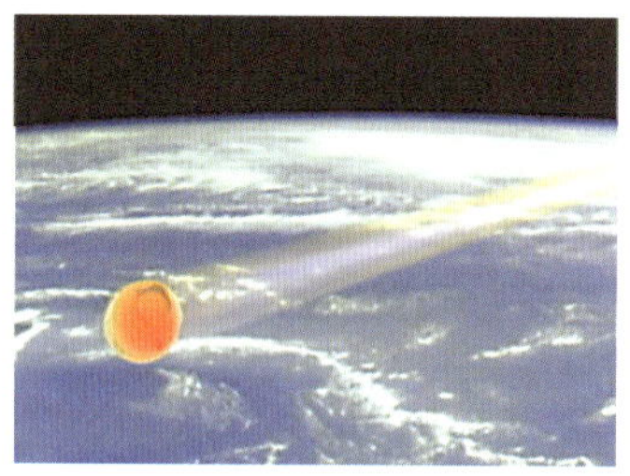

飞船返回舱划过太空，进入距地面只有80千米的大气层，以每秒7.5千米的惊人速度与大气层剧烈摩擦，看起来就像一个火球。

偏差，飞船配备的充足的给养可以使航天员维持数天。如果降落到海里，"神舟五号"上的气囊可以避免飞船沉入海底。

载人飞行最关键的环节是返回技术，大气层是地球的天然屏障，人类要穿越大气层进入太空是一件很困难的事，一旦出了大气层要返回地面也是难上加难。这时，大气层就会成为阻挡飞船返回的铜墙铁壁。经多次试验，科学家找出了比较好的防热办法，首先在飞船外面涂上银色的抗高温金属层。然后是在飞船外面特别是飞船底部包上厚厚的可烧蚀的耐热材料，与大气摩擦时，耐热材料就会一层一层地烧蚀成炭，一层层地剥落，通过燃烧消耗飞船与大气摩擦产生的大量热能。

当飞船下降到40千米高度的时候，与飞船摩擦

速度降低后，"神舟五号"飞船开始自动调整飞行轨道。这个小小的角度如果没有掌握好，哪怕只差0.1度，飞船就可能落在预定地点300千米以外。所以返回成败在这一刻已经决定了一半。为了轻装前进，飞船首先偏航90°；将轨道舱分离出去。轨道仓会继续留在太空中执行科研任务。然后，飞船再次偏航，尾部发动机喷气制动减速。

的空气在2000℃的高温下变成等离子体，它好像一层严密的屏障，不允许无线电波穿过。地面和飞船会失去联系。这短短的片刻使地面上人们的心再一次揪紧了。

空气从气体状态变成等离子状态，等离子体实际上是一种导体，就像金属一样的导体，产生屏蔽作用，使无线电波不能透过，就是地面的无线电波进不来，飞船上无线电信号也传不出去，这样造成的通信障碍，叫做“黑障”。

我国首次载人航天取得了圆满的成功，这证明中国人从此登上了载人航天的的舞台。而且，在未来几年，我国将突破以飞船交会对接、空间实验室、卫星组网和月球探测等为代表的一批航天关键技术。中国航天人必将为全人类的太空探索带来强劲的动力。

返回舱冲出了黑障区。也让注视着它的那么多双眼睛中，闪动着成功的希望。当返回舱降低到约10千米高度时，将执行开伞的一系列程序，首先打开的是引导伞，它可以牵引出减速伞，减速伞又牵引出主伞。这样可以使飞行速度降低到8～14米/秒左右。

飞船的底部设计有4台反推火箭发动机，当返回舱探测到距地面约1米时，将同时点燃，就像安全气囊一样，给航天员提供最后的保护。飞船以不大于3.5米/秒的速度实现软着陆。

东方红卫星传奇

改革开放以来，我国综合国力大增。随着“神舟五号”的成功发射和顺利返回，祖国的航天事业成绩斐然。在这个激动人心的时刻，回顾数十年前那在特定时期的艰难起步，人们怎能忘记当“东方红”乐曲首次响彻寰宇时的举国欢腾？怎能忘记这扬眉吐气时刻背后的无数艰辛？让我们永远记住这中国航天史划时代的“处女作”。

1957年10月4日，世界上首颗人造卫星在前苏联的哈萨克斯坦被发射升空；继而美国也发射成功了他们的第一颗卫星“探险者一号”，成为世界上第二个发射卫星的国家。而那时的中国别说卫星，就连将卫星送入轨道的工具——火箭都没有。但刚刚站立起来的新中国是不甘心永远落后的，1958年5月17日毛泽东在中国共产党八大二次会议上第一次当众表示：我们也要搞人造卫星。从此中国科学家开始了艰难的卫星研制工作。

运载工具　立足国内

1958年“大跃进”轰轰烈烈，全国掀起了一股“卫星热”。为了使航天事业取得长足的发展，由国内航天、卫星专家组成的一个访苏的“高空探测”代表团前往莫斯科向前苏联学习怎样研制卫星，但没想到在苏联却遭受了异乎寻常的冷遇。回国后代表团联名向上级写了一份详细的报告，建议卫星的研制重点应立足于国内，要先从探空火箭搞起。

到了1958年底，鉴于众所周知的原因，中央的一些领导同志为了集中精力发展导弹和原子弹，同时也注意到卫星研制中存在的“冒进”问题，果断地决定停止卫星的研制工作。

但中科院不甘心原地待命，于是决定在导弹工作开展的同时进行对火箭的研制……直到1960年，一枚T7M火箭（即“长征一号”的缩小比例尺的模

1960年，T7M火箭竖立在上海南汇县老港镇20米高的发射架上。

“东方红”卫星的乐音装置

型火箭）终于竖立在了位于上海南汇县老港镇的20米高的发射架上。当时的条件之简陋现在是不可想象的：发射场周围没有任何防护，指挥部是用草包在田埂上堆起来的，而唯一的能源是一部借来的50千瓦发电机……就是在如此简陋的条件下，T7M像一颗出膛的子弹射向了中国人向往已久的太空。它虽然只飞行了8千米，但却完成了零的突破。

正当科学家们振奋不已，准备进行T9卫星运载火箭的设计时，中国的导弹研制也取得了突破性进展，于是上级决定把现成的导弹改装成火箭。导弹研制的成功，在一定程度上解决了发射卫星的工具问题，使发射我们自己的卫星成为可能。

卫星定位　声像兼备

最早人们对中国第一颗卫星应该是什么样的问题，可谓是仁者见仁、智者见智，但最终的选择是一个有着72个面的球形体。因为它跟球形的优点差不多，而每一个面还可安装太阳能电池板。卫星的设计还要考虑当时国际、国内的形势：国际上法国于1964年成功发射了自己的人造卫星，坐上了人类航天的第三把交椅；而与中国一海之隔的日本，研制卫星的步伐也在逐渐加快；可国内却正在轰轰烈烈地进行“文化大革命”。在当时那特定的历史时期，如何让卫星在太空中能看得见（发光，可肉眼观测）、听得到（播放“东方红”乐曲）就有了重要的政治因素。

当上级决定由中国科学院自动化所承担制造卫星乐音装置的任务后，技术人员怀着极大的革命热情投入了对装置的研制工作中，第一个实验装置被很快制作了出来。但当人们怀着激动的心情按下通电按钮开始播放乐曲时，在场所有的人都惊出了一身冷汗——“东方红”乐曲变调了！

在当时的环境下，“东方红”乐曲的变调是一个严重的政治问题，必须尽快找出原因予以纠正。科研人员们冷静地分析了变调的原因，感到必须有一个音乐方面的专业人才帮助。于是研究所从上海国光口琴厂请来了一位姓夏的工人师傅，并带来了一台测试音节准确程度的仪器……1968年下半年的一天，科研人员们将线路板小心翼翼地装配在了一个小盒子里，然后怀着忐忑不安的心情接通了电源，标准清晰的东方红乐曲被缓缓地播放了出来。

在成功地解决了“听得到”的问题后，“看得见”的问题又成了科研人员面前的一只“拦路虎”。由于当时是总体设计，星、箭分别生产的。这就要求必须在不改变火箭推力、载荷的前提下（卫星重量不能超过175千克）来解决人们能用肉眼观测到太空中飞行的卫星的问题。

起先科研人员们根据折叠伞的原理制作成了一个名为“观察裙”的装置，可是在真空状态中“观察裙”就像被糨糊粘住一样怎么也打不开。于是科研人员们提出了将“观察裙”改为“观察球”的设想：就是在第三级火箭上设计一个球形的观察体，并在表面镀铝，再进行抛光，使它的反光亮度达到要求。“观察球”在运载火箭上天前不予充气，保持其又轻又扁的状态；火箭一旦升空，利用最后一级火箭自旋时产生的离心力给“观察球”充气，使它展开成为一个面积为40平方米的球体。

1969年，“东方红”一号卫星在研制了12年后，几经变迁终于呈现在了世人面前。

总装发射　一波三折

星、箭具备，工作进入了发射前的紧张组装、调试阶段。日本的第一颗人造卫星“大隅号”成功发射升空，使之成为世界上第四个成功发射人造地球卫星的国家。两个月后，酒泉

“东方红”卫星实验

1970年4月24日，垂直检查的结果让人满意。于是，勤务塔缓缓地移开，工作平台将火箭紧紧抱住，准备给火箭加注燃料

卫星发射中心组织的火箭飞行试验获得成功。

1970年，北京卫星总装厂开始对第一颗“东方红”卫星进行严谨细致的装配工作。1970年3月21日卫星顺利完成了15道工序的装配，完成全部总装任务。1970年4月1日载有“长征一号”火箭和两颗“东方红一号”卫星的专列，经过4天4夜的秘密旅程，到达了甘肃的酒泉卫星发射中心。1970年4月9日，箭、星在严密的组织下完成了对接。经调试在解决了卫星超短波信标机信号不稳问题后，发射场一切准备就绪。

1970年4月14日，钱学森、李福泽、任新民、戚发轫等专家飞往北京，向周恩来总理做发射前详细的汇报。1970年4月24日前，垂直检查的结果让人满意。至此，万事具备、只欠东风。1970年4月24日是既定的发射时间。凌晨5点40分开始为火箭加注燃料，下午1点35分燃料加注完毕。整个发射场等待着发射时间的到来。但天公不作美，虽然气象部门谨慎地做出了晚上9点后云层开始消退的预报，但在晚7点时发射场仍乌云密布，像一块巨大的黑布笼罩在人们的心头；晚上8点时发射场上空的云层还是很低，看不见星星。由于能见度低将直接影响到光学测量，酒泉卫星发射中心不断收到观测点和观测站打来的电话；晚9点后云量开始逐渐减少，完全满足了发射的气象条件。21时35分，火箭点火起飞，将“东方红一号”卫星被送入近地点439千米，远地点2384千米的太空轨道。90分钟后，也就是卫星转到第二圈路过喀什上空的时候，发射场收到了响亮的东方红乐曲声。自此，我国成为继苏联、美国、法国、日本之后，世界第五个发射卫星国家。尤其值得自豪的是，“东方红一号”卫星重173千克，比前四个国家第一颗卫星的重量之和还要大。

是夜，难以计数的炎黄子孙激动地仰望着太空，仔细地寻找着那一颗属于自己的卫星，脸上洋溢着无限的自豪和骄傲。

航天传奇（一）

1943年，第二次世界大战中的纳粹德国，在斯大林格勒城下遭遇惨败。希特勒把希望寄托在他的秘密武器身上。

A－4火箭研制成功后，纳粹德国当局取德语复仇的意义将火箭重新命名为V2，并下令以每月30枚的速度投入生产。1944年9月8日，第一枚V2火箭在伦敦市区爆炸。

然而，V2火箭最终并没有挽救希特勒和纳粹德国的命运。1945年4月30日，希特勒自杀身亡，一周以后，德国宣布无条件投降。

人类航天的先驱

1932年，德国陆军炮兵局研究与发展部负责火箭技术的军官多恩贝格结识了冯·布劳恩。对于当时年仅20岁的布劳恩来说，恐怕无论如何也不会想到，他的名字竟然会铭刻在航天探索的科技丰碑最前排的位置上。

1945年1月底，在德国佩内明德火箭研发基地，基地高层科学家和军官秘密约定向美军投降。在巴伐利亚，布劳恩与其他126名德国火箭专家被美军俘虏。美军同时收获的，还有100枚V2火箭。随后，美军又抢先占领了本应划归苏军占领区的诺德豪森地下工厂，从这里运走的图纸、资料、火箭导弹成品和设备装满了300个车皮。

苏联很快回过味来。1945年5月5日，苏军占领了德国火箭研发中心佩内明德。将德国人来不及撤走和销毁的200枚V2火箭、技术资料、技术人员和机器设备统统抢运回国。

SS-6“警棍”

在诺德豪森工厂，把美军因为过于笨重而没有搬走的V2火箭生产综合设施也拖回了苏联。

至此，美苏两国都获得了V2火箭的生产研制技术。美国人得到了冯·布劳恩，而苏联也有自己的天才火箭专家科罗廖夫。在以后的冷战时期针锋相对的两个国家，这一刻站在了同一条起跑线上。

南瓜和警棍

1949年8月29日凌晨4时，苏联的第一颗原子弹“南瓜”试爆成功，打破了美国人的核垄断。但是，在战略投送力量上，苏联却远远不如美国。因此，从一

“宇宙神”发射升空

开始，他们就把发展能够将核弹头发射到美国本土的洲际弹道导弹作为火箭技术的研究方向。

在迅速消化了V2火箭技术的基础上，苏联在很短的时间内陆续研制出了几代使用液体燃料的弹道导弹，射程不断提高，运载能力也不断加大。1957年8月21日，全世界第一种战略弹道导弹P－7成功地进行了全程试射，射程达8000千米。这就是在西方鼎鼎大名的SS－6，又名“警棍”。8月27日，塔斯社报道说：“多级远程洲际弹道导弹日前发射成功……从得到的结果证明，这种火箭有可能发射到地球上的任何地区。”这种战略武器的研制成功，令当时的苏联领导人赫鲁晓夫兴奋异常。他向全世界宣布，苏联“正像做香肠一样”生产战略导弹。

第一颗人造地球卫星

美国火箭

与苏联的顺利发展不同，虽然拥有德国的天才火箭专家冯·布劳恩，美国在弹道导弹和火箭技术的研发与应用上却显得犹豫和迟缓。他们甚至做过用V2火箭进行邮政运输的试验。因为美国的战略轰炸机在当时全球独步，无可竞争，他们对大型火箭的研制始终不太热心。虽然第二次世界大战一结束美国就提出了多项远程火箭和导弹计划，可是快十年后，美国所拥有的火箭的射程不过区区800千米而已。

不过，这种情况在1953年发生了重大变化。美国获得了苏联加速发展大型火箭的可靠情报。他们立即加大投入，试图在苏联之前获得使用大型火箭作为运载工具的战略打击能力。1955年，艾森豪威尔总统命令将相关的“宇宙神”计划列为最高的A1优先级。

醒悟过来的美国人奋起直追，1958年8月2日，试验型“宇宙神”B进行了首次试射，射程超过4000千米。1958年11月28日，“宇宙神”B又进行了全程试验，射程9600千米。

1959年9月，实用型的“宇宙神”D终于正式列装。至此，美国摆脱了自苏联拥有“警棍”以后，发射的核弹头在30分钟内就可以落在西欧、日本和美国本土而整个北约却无力反制的尴尬局面。冷酷的“确保互相摧毁”的冷战原则，就此完成了它的第一个版本。

人造卫星争霸战

军事上的美苏争霸取得了一个短暂的平衡，人造卫星又成了美苏双方进行激烈争夺的主战场。

人造卫星要想上天，必须获得每秒7.9千米以上的速度。在火箭大型化以前，这是个遥不可及的数值。然而有了“警棍”和“宇宙神”以后，发射卫星就成了顺理成章的事情。

发射取得圆满成功。苏联的“人造卫星一号”，全世界都可以收到它从太空发回的滴滴作响的无线电信号。在它刚刚升空的那几天里，无数的人伫立在晴朗的夜空下，怀着激动的心情寻找这颗闪烁的亮点在亘古不变的星空里划出的痕迹。它一共运行了92天，绕地球飞行约1400圈，直到1958年1月4日才坠入大气层。“人造卫星一号”进行了星内温度压力试验、大气层密度测量和电离层研究，并测量了在几百千米高空的空气阻力。但是，同科学研究成果相比，它的政治影响和对科学技术未来发展的影响更为深远。

这个伟大的航天成就给了美国人重重一击。最大的敌人赢得了此次空间竞赛的首场胜利。莫斯科不仅仅是用高技术在太空打败了美国，而且用一颗比华盛顿尚在倾全力研究的那颗卫星重十倍的成绩让美国一败涂地。这一消息以比苏联卫星更快的速度传遍了全世界。《纽约时报》巨大的头号标题赫然写道：“苏发射地球卫星进入太空，以18 000英里时速环绕地球，从四个方位侦察美国。”

艾森豪威尔在其后的一个新闻发布会上轻描淡写地告诉记者和美国民众，苏联的努力只不过是“在天空上放置了一个小小的球体”。可私下里，他们拼命加快自己的卫星上天的速度。

与苏联人不同，美国“先锋”计划的进度表是公开的。结果，在预定发射日12月3日星期三那天，美国和全世界都将目光投向

“水星”计划研究阶段

"水星"计划开始实施

了卡纳维拉尔角。来自全球的众多记者聚集在佛罗里达的大西洋沿岸报道这次发射。在高速公路沿线的旅馆挤满了到这里观看火箭点火的旅客。

然而，本次发射却由于火箭出现的一点技术问题而被延误，这本来是航空实验中很常见的情形，却令美国政治家们感到了极大的尴尬。当时的美国国务卿杜勒斯担心这件事会给美国的形象造成影响，在第二天白宫进行的国家安全理事会会议上，他勃然大怒，斥责这次延误"是美国的灾难，并使美国人成为整个自由世界的嘲笑对象"。

很快，新的发射日期被定在12月6日星期五的早上。10点45分，也就是在火箭升空前一小时，五角大楼开通了通往艾森豪威尔总统的专线电话，而另一条线路则通往华盛顿，这样"先锋"项目的负责人约翰·哈根便可以听到最后的倒计时。在第一级火箭点火前的几秒钟，红白相间的发射架从火箭脱离。引擎隆隆地启动起来，火箭开始缓缓地升离地面，一切似乎都很正常。然而火箭点火不到两秒，离开发射台大约只有两米的时候，火箭发动机却因为故障而失去了动力，整个火箭又落回了发射台，在火焰和浓烟中爆炸，成为一堆熊熊燃烧的残骸。

这一可怕的场景使华盛顿在整个冬天都笼罩在痛苦之中。

为美国人挽回颜面的又是冯·布劳恩。1958年1月31日，在卡纳维拉尔角，"朱诺1号"火箭将"探险者1号"送入了近地点360千米，远地点2534千米的地球轨道，从而使美国也跨入了航天时代。尽管"探险者1号"比起"人造卫星一号"来说又轻又小，携带的主要科学仪器不过是一台盖革计数器而已。"探险者"在太空里一直运行了12年，直到1970年3月31日才坠毁。可是由于电源的原因，从1958年5月23日起，它就沉寂在漫漫的太空之中了。不过，"探险者"的个头虽小，取得的科学成就却很大。因为它的盖革计数器在远地点停止了计数，科学家经过研究后断定，这是因为在这个高度上存在环绕地球的辐射带，使计数器达到饱和之故。这个辐射带后来被称为范·爱伦带。范·爱伦带是人类认识近地空间环境的第一个重大发现。这一切多少为华盛顿挽回了一些面子。

可是，美国人那个倒霉的先锋计划的苦难还未结束。1958年2月5日，另一枚"先锋"火箭在发射时再次失败。直到1958年3月17日，新的火箭才首次把"先锋一号"卫星送上太空，这颗卫星只有1.4千克。

苏联太空载人计划

人类的第一颗人造卫星上天没有多久，苏联就开始了在太空的生物实验。事实上，早在1951年6月，苏联就用一枚火箭将两只小狗送上110千米的高空并安全返回。1957年11月3日，在“伴侣2号”卫星上，一只叫做“伊莱卡”的小狗成为第一位动物航天员。它在“伴侣2号”卫星上生存了7天。它身上的各种传感器的测量数据都通过无线电信号发回地面。科学家们由此了解到，有效防护完全可以保障航天员的生命。遗憾的是，由于当时的返回技术不成熟，“伴侣2号”没打算被收回。小狗“伊莱卡”拿到的是一张通向太空的单程机票。

1958年底，苏联的载人太空飞行的研究工作全面展开，这就是著名的“东方”太空载人计划。

美国启动航天计划

华盛顿当然不能容忍科技第一强国的桂冠被苏联抢走。他们下决心要赢回这一仗。也是在1958年，为了尽快结束此前的混乱局面，更快地发展航天技术，美国制定了太空法案（Space Act），以法律的形式确定了太空研究的计划、方向和目标，并且成立了新的机构——国家航空航天局(NASA)，将有关航空航天发展计划都纳入到该组织中。1958年8月8日，NASA正式接手载人航天工程，并于10月7日抛出了载人航天方案，称之为“水星”计划。

“水星”计划所要达到的目标与“东方”计划基本相同：第一，把一个人送上太空，使之绕地球轨道飞行；第二，研究他在太空中的表现和工作能力；第三，飞船和人安全返回。

1958年12月12日，美国发射了头锥舱中载有长尾猴的“丘比特”洲际弹道导弹，但发射后导弹溅落在海中丢失。1959年5月28日，进行了一次同样的试验，两只猴子在“丘比特”导弹的头锥舱里飞行后回收。同年9月9日，在卡纳维拉尔角发射了一枚“宇宙神”，运载的是“水星”号飞船的实体比例模型，目的在于验证烧蚀防热装置的实际效果。这一次试验证明了飞船的防热结构非常成功。采用这种方式的飞船可以承受3500摄氏度的气动高热。同时，这次试验还取得了其他一些重要成果。

然而，接下来的航天员救生系统却遇到了麻烦。1959年11月4日和12月4日两次试验救生系统均未取得令人满意的结果。1960年1月21日，载有一只名叫“山姆小姐”的猩猩的火箭再次发射，在14千米处，逃逸火箭将飞船分离并安全回收。虽然实验还算成功，可整个救生系统的工作状态却和预期不太一样。为了解决这个问题，NASA的工程师们又花了大半年的时间。1960年7月

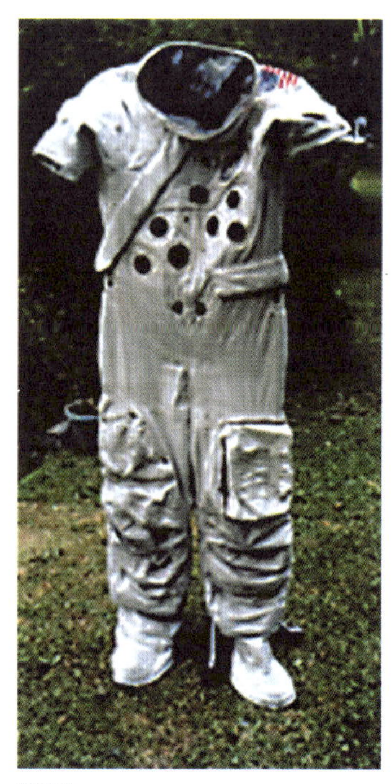

航天服

即将进入太空的7名美国宇航员

29日，“宇宙神”运载着第一艘“水星号”飞船进行了首次未载人的飞行试验。这一次，火箭和飞船以极高的速度冲向大海，撞成了碎片，原因是一个发动机出了问题。

于是，NASA不得不考虑使用另一种火箭“红石”。第二艘“水星号”与“红石”火箭的组合在1960年11月21日首次发射。由于故障，火箭发动机刚点火就停机了。不过，这次飞船上的逃逸塔倒是工作良好。第二天，科学家们又进行了一次发射，目的在于验证救生系统。在火箭上升了16秒后，逃逸塔火箭应该将飞船与火箭分离，1秒后，逃逸塔再分离。可是在空中这两次点火却同时发生了，没能将飞船从假设出了故障的火箭顶部分离开来，又是一次重大的失败。

接二连三的故障使那7个被预先选定参加载人飞行的航天员多少有些失望和担心。就在这时，一个消息让他们重新振作了起来：“宇宙神”和“红石”火箭的故障都找到了。

接下来的一切顺利得有点让人不敢相信。1960年12月19日，“水星”与“宇宙神”重新组合，发射成功。飞船进入了2102千米的轨道，2分23秒后重入大气层并安全回收。1961年1月31日，同样的组合搭载着动物宇航员黑猩猩“汉姆”飞上太空。这次试验证明飞船的生命保障系统工作正常。飞船的再入和回收同样顺利。1961年3月18日，“宇宙神”火箭和“水星”飞船进行了一次完整的综合演练。在18分钟的时间里，火箭从点火到关机、飞船进入太空、反推火箭点火、飞船再入、降落伞打开、海上溅落，一切都按计划进行。一次完美的试验！美国航天员就要进入太空了。

苏联的“东方号”

苏联在火箭上没有美国人这么大的问题。科罗廖夫设计的用于发射卫星的运载火箭在推力上保留了很大的余量，目的就是为载人航天作准备。“东方号”载人飞船的详细设计工作从1958年初开始进行。包括通讯、飞行控制、生命保障等各个分系统，第一艘“东方”飞船的设计工作于1959年底全部完成。在“卫星号”火箭基础上加装第三级火箭后就形成了“东方号”运载火箭。其推力足以将5吨重的东西送入太空。

“东方”计划的执行也绝非一帆风顺。1960年5月15日，第一艘“东方号”飞船发射，进行飞船重入实验，目的在于考察制动火箭的工作状况。飞船在轨道上飞行了三天，由于飞船的姿态控制出了问题，飞船没有返回大气层，飞向了宇宙的深处。1960年7月23日，第二艘飞船发射失败；28天后，第三艘飞船发射升空。这艘“东方号”上搭载着两只小狗，进行了一次完整的试验。飞船在轨道上飞行了约一天时间，安全返回地面 。

然而，10月23日，在另一个火箭项目的试验当中，为了抢进度，在火箭第一次点火没有成功的情况下，技术人员冒险没有卸载燃料就进行故障检测，结果火箭突然爆炸，包括苏联战略火箭军司令涅杰林元帅在内的近百名军人和技术人员尸骨无存。

祸不单行，“东方号”的下两次试验均遭到了失败。前一次飞船再入大气层时没能耐住气动高热而烧毁，后一次飞船干脆未能入轨。受到沉重打击的科罗廖夫心脏病发住进了医院。

1961年3月，同时有3艘“东方号”飞船运抵了发射场。前两艘用于进行无人试验，如果试验成功，第三艘正式用于载人飞行。1961年3月9日和25日，两艘飞船各搭载一只小狗进行了发射。结果证明飞船的发射、飞行、返回、落地一切正常。

1961年4月12日莫斯科时间9时07分，随着火箭点火的隆隆声，尤里·加加林充满豪情地高声说道：“我去了！”。“东方1号”飞船升空。经过14分钟的飞行后，飞船连同第三级火箭进入近地点180千米，远地点230千米的地球轨道。环绕地球一周后，反推发动机点火，将代表人类首次从太空俯瞰地球的加加林和乘员舱一起送回地球。在地球上等待他的是鲜花、拥抱和全世界崇敬的目光。

除了美国，全世界都显得兴高采烈。

华盛顿在接近撞线的时候输掉了比赛。23天后，他们用“红石”火箭即1961年5月5日，将勇敢的航天员阿兰·谢帕德送入太空，在体验了5分钟的失重感觉后，名为“自由7号”的“水星”飞船就和他一起返回了地球。

虽然这次短暂的飞行被赫鲁晓夫嘲笑为“跳蚤的一跃”，但是对于美国人来说还是意义非凡。NASA虽然在火箭技术上走了弯路，可也积累了大量的经验。在飞行姿态控制、飞船再入等关键技术上更是取得了突破。这些技术为华盛顿在下一个回合的较量中取得了足够的筹码。

下一次，他们不想再输了。

航天员戴的手套

航天传奇（二）

诱惑

尤里·加加林飞上了太空，领先美国23天。

乘坐美国“水星”飞船的阿兰·谢帕德所做的仅仅是一次亚轨道飞行。只是在太空中飞行了短短的一小段就返回了地球。

相比之下，加加林环绕地球的轨迹，无疑要耀眼得多。

直到1962年2月20日，在加加林10个月之后，NASA（美国国家航空航天局）才完成了真正的载人轨道飞行。

登月计划

苏联的航天成绩让骄傲的华盛顿忍无可忍。

原来不太重视航天技术发展的美国总统肯尼迪要求有关部门对美国在航天领域的地位和成就作出总结，并研究美国在航天领域如何击败苏联。NASA认为，对于这一点，美国现有的任何一个载人航天计划都不能保证。唯一的办法是，制定一个载人登月的方案。以美国强大的经济实力和工业技术，只要成功实施这个计划，就肯定可以战胜苏联。

当时的美国国防部长麦克纳马拉对这个看法表示支持。他和NASA提交了一份联合报告，说明了登月计划的可能性和必要性。这个报告使肯尼迪下决心批准了“阿波罗”计划。

1961年5月25日，肯尼迪总统在美国国会发表了一篇特别国情咨文讲道：“我认为，美国应当努力在这个十年结束以前，实现把一个人送上月球并使他安全返回的目标。”这段话可以看做是伟大的“阿波罗”计划的发展宣言。

从这一时刻起，人类历史上空前规模的一项科学技术工程拉开了帷幕。

技术分析

从科学技术角度讲，“阿波罗”计划严重超前于当时的技术能力。要知道，月球离地球直线距离约38万千米。而此前人类所能达到的极限距离只有这个数字的百分之一。执行“阿波罗”计划需要解决一大堆问题：为了飞船能够携带足够的燃料和给养，需要极大推力的火箭将它送

“双子座”10号飞船

到地球轨道；飞船需要变轨技术，以便能在合适的时机点火脱离地球轨道飞往月球；航天员需要具有在太空生活至少十天的能力；登月飞船必须从月球再次起飞并回到地面。

为了解决这一系列问题，NASA同时在三方面进行研究和试验。一是"土星"系列火箭；二是"阿波罗"登月飞船；三是执行一个过渡的载人航天计划："双子星"计划。

双子星计划

要实现载人登月飞行，首先需要解决的是飞船的变轨飞行问题。在"双子星"计划之前，美国在这方面没有任何经验。

"双子星"计划的主要目的有两个：第一，延长载人轨道飞行时间，使之最少达到两周；第二，实现飞船在太空中机动和对接。为此，NASA重新提出了飞船的设计方案。

"双子星"飞船由三个部分连接而成。最下面是圆台形的设备舱，中间是发动机舱，主要用于飞船离轨返回和轨道机动。最上面是乘员舱，内部装有导航系统、生命保障系统和两套航天员座椅。

1964年，"双子星座1号"和"双子星座2号"不载人飞船发射成功，1965年3月23日，"双子星座3号"载着航天员格里索姆和约翰·扬一起升空。这是"双子星座"的首次载人飞行，这次飞行取得的最大成绩是载人飞船首次真正实现了在轨机动，是此前从未有过的伟大成就。

接下来的"双子星"计划执行起来就像涂抹了超级润滑油般顺利。1965年6月3日，怀特和麦克迪威特乘坐"双子星座4号"升空，完成了美国宇航员的首次太空行走。8月21日，"双子星座5号"由库珀和康拉德驾驶，进行了轨道机动和交会练习。12月4日和15日，"双子星座7号"和"双子星座6号"两艘飞船先后发射，靠航天员操纵完成了接近和编队飞行。两艘飞船相距40米，一起完成了7小时15分钟的飞行。其间最近距离只有0.3米。1966年，"双子星座8号"和"双子星座9号"完成了再一次的交会飞行练习。

每一位"阿波罗"的指令长都在"双子星座"上飞行过

7月18日，"双子星座10号"由约翰·扬和科林斯驾驶升空。他们操纵飞船与目标火箭"阿金娜10号"进行了会合和对接。全部过程耗时约6小时。对接完成后，飞船和火箭的联合体在太空进行了令人眼花缭乱的机动飞行。这个联合体先是爬升到763千米的远地点，随后又把远地点降到382千米。最后，"阿金娜10号"第三次点火，把飞船的椭圆形轨道改成了距离地面377.6千米的圆形轨道。两者成功分离后，科林斯爬出舱外，依靠航天员背负的个人机动装置来到了"阿金娜10号"上，完成了取样任务。

3天后，“双子星座10号”于7月21日安全返回了地面。

这次完美的太空对接与轨道机动是人类航天史上一项伟大的成就。它基本实现了载人登月飞行的关键技术，为“阿波罗”的成功奠定了基础。

“双子星”计划作为最成功的太空计划之一被载入了史册。“双子星座”飞船一共发射了12次，其中9次进行了载人飞行。整个计划期间，航天员共完成了52项试验。更有价值的是，“双子星”计划对人类在太空中长期生活和工作进行了十分全面的研究。截至1966年底，美国积累了1993个小时的太空飞行经验和12个小时的出舱活动经验。

上升计划

1962年10月，美苏之间爆发了著名的“古巴导弹危机”。在两个巨人鼻尖对鼻尖的对峙中，“古巴导弹危机”以苏联全面撤离在古巴存在的军事力量而告终。

这个屈辱的结果令莫斯科颜面大失。于是，苏联希望曾经将美国人压制得抬不起头的航天竞争上找回面子。为了保持苏联在航天史上的辉煌记录和领先优势，克里姆林宫开始对科学家们施加越来越大的压力。

“上升”计划就是在这样的压力下产生的。

给苏联来带巨大荣誉的“东方”计划是一个非常成功的计划。“东方号”飞船一共发射了6艘。“东方3号”和“东方4号”，“东方5号”和“东方6号”分别进行了编队飞行。其中的“东方6号”更是由女航天员捷列什科娃驾驶升空，又在航天人类航天史上留下浓墨重彩的一笔。

然而，了解到美国人在搞3人飞船和太空行走后，莫斯科要求本来作为两人飞船研制的“上升号”飞船改成搭载3名航天员升空。并且一定要在美国人之前完成太空行走。重新设计飞船肯定来不及了。“上升号”飞船不得不拆除了为两名航天员准备的弹射座椅。但是拆除后的乘员舱仍然挤不下3个人，最后不得不命令航天员在舱

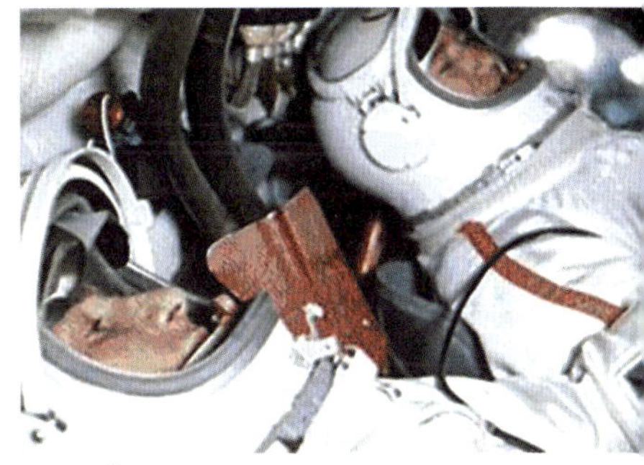

“上升2号”飞船载着列昂诺夫和帕·伊·别列亚耶夫进入太空

列昂诺夫花了12分钟才回到了乘员舱，他几乎因缺氧而送命

宇航员登月

内脱掉密封宇航服。显然，这种情况下一旦出现密封故障，航天员没有任何生还的机会。

这种不符合科学规律的冒险行为给科罗廖夫和其他的技术专家们带来了巨大的压力。1964年10月12日，“上升1号”首先载着弗·米·科马罗夫、康·彼·费奥克蒂托夫和鲍·叶戈罗夫3名航天员进入轨道，绕地球飞行16圈，历时24小时17分，争得了载多人太空飞行这个“第一”，不过这也使科罗廖夫的心脏病更加严重了。

为了第一个完成太空行走，科罗廖夫在“上升2号”飞船壁上开了一个舱口，安装一个简易过渡闸室，供航天员进行太空行走时出入座舱之用。出舱到太空行走的航天员，一定要穿航天服，所以这次只能搭载2个人飞行。

“上升2号”发射之前，这个简易过渡闸室进行了两次试验，都没有取得结果，可以依靠的只有航天员的勇气了。

1965年3月18日，“上升2号”飞船在绕地球飞行的第二圈时，列昂诺夫系着保险绳，走出座舱，破天荒地在空旷的太空中漂浮了10分钟，但在进入座舱时，充气的宇航服相对过渡闸室太肥大了。列昂诺夫不得不冒险给宇航服减压。从1000百帕一直降到250百帕，勉强挤进了过渡闸室。

“上升2号”在太空飞行26小时，于3月19日返回地面，整个“上升”计划结束。4天后，美国载2人的飞船发射成功，两个多月后，美国航天员进行了太空行走。

虽然“上升”计划抢了两个第一，可这种纯粹为了政治影响而执行的太空计划并没有给苏联带来更多的技术积累。从这一刻开始，苏联的航天技术就已经被美国人超过了。

阿波罗

“双子星”计划结束后，“阿波罗”计划正式登场。

“阿波罗”计划在飞船、火箭等硬件研制完成后，开始了4个阶段的发射试验。其中，“阿波罗4号”与“土星5号”火箭进行了首次发射试验；“阿波罗7号”完成了首次载人轨道飞行；“阿波罗8号”进行了载人的环月飞行；“阿波罗9号”首次试验了登月舱；“阿波罗10号”综合演练了除了登月以外的全部过程。

在这一系列的试验和演练中，发生了一起可怕的事故。

1967年1月27日，美国肯尼迪航天中心34号发射阵地上在进行一次载人飞船地面联合模拟飞行试验。乘坐有3名航天员的“阿波罗”4A飞船对接在土星1B

1969年7月16日乘"阿波罗11号"宇宙飞船飞向月球的阿姆斯特朗、奥尔德林和科林斯3人

运载火箭上。3名航天员是曾参加过水星4号亚轨道飞行、双子星座3号飞行且经验非常丰富的弗吉尔·格里索姆，曾参加过"双子星座4号"飞行并是美国第一个到太空行走的爱德华·H.怀特，还有一名是准备第一次上天飞行的罗杰·B.查菲。如果这次地面模拟试验成功，这3名航天员即乘此飞船进入环地轨道飞行，以考验登月飞行的程度。

试验前，已对安全做过检查。因为火箭不加注燃料，凡能发现的易燃易爆物均被移开或拆除。试验组织者认为已没有什么不安全因素，因此在试验现场也没有布设专门消防人员、医生和紧急救援人员。

试验按照程序进行。当进行到最后倒计时时，突然程序中断，飞船指令舱起火。从指挥室里可以听到舱内的航天员大喊："着火了！"，接着又听到"快放我们出去"的喊声。然而，还未来得及打开舱门，短短的几十秒内，3名航天员就被烧死在舱内。

后来查明，起火原因是飞船导线短路，电火花引燃了舱内塑料制品。阿波罗飞船采用的是1/3大气压力的纯氧方案，一些在正常空气中本来是耐火的塑料制品，在纯氧中却成了易燃物品。此外，打开舱门的时间设计为90秒，着火时舱内形成负压，无论在外面还是在里面，舱门在极短的时间内无法打开。

格里索姆1965年在"双子星座3号"飞行后曾说过："即使我死了，我们仍希望人们接受它……征服太空是有价值的冒险事业。"

1971年8月2日，"阿波罗15号"登月时，美国航天员将他们3人的骨灰撒在了月球上。

决心

这次事故并没有动摇美国执行登月计划的决心。在"阿波罗10号"飞行试验圆满结束后，NASA宣布"阿波罗11号"飞船将承担载人登月任务。具体的任务只有简单的两句话：第一，完成载人登月并安全返回；第二，完成月面考察和取样。

被选定参加首次登月飞行的航天员分别是指令长——尼尔·阿姆斯特朗、指令舱驾驶员——米切尔·科林斯和登月舱驾驶员——埃德温·奥尔德林。按计划，阿姆斯特朗和奥尔德林将乘坐登月舱登上月球进行考察，科林斯驾驶轨道舱和服务舱留在月球轨道上。

经典时刻

1969年7月16日的早晨，天空十分晴朗。巨大的“土星5号”火箭搭载着“阿波罗11号”矗立在肯尼迪航天中心的39A发射台上。

“土星”火箭是冯·布劳恩一生中最重要的成就。“阿波罗”计划启动后，布劳恩和他的4人小组被调入NASA，负责大型运载火箭的研制任务。“土星”系列火箭最初计划研制5种型号，后根据实际需要开发了3种，“土星1号”、“土星1B”用来试验“阿波罗”飞船、进行近地轨道载人飞行和“土星5号”的预研。“土星5号”真正用于载人登月飞行。

阳光下的“土星5号”火箭看起来极为壮观，它高111米，总共有三级，重量超过2913吨。其中推进剂的重量就占了90%以上。它可以将重达139吨的物体送入近地轨道。“土星5号”火箭的箭体结构采用一种超薄的、但极为坚固的铝合金。这种合金令“土星5号”任何部位的外壳厚度都不超过0.64厘米。

当地时间9时32分，格林尼治时间13时32分，在100万现场观众的狂热目光里，“土星5号”火箭点火，缓缓升空。火箭发射时产生的震动10秒以后传到5千米外的看台，使整个建筑吱嘎作响，附近许多玻璃被震碎。有史以来最宏大的航天发射场面惊呆了现场的所有人，连最老练的记者也瞠目结舌，以至于美联社和合众社的电视转播很长时间里没有现场解说。

点火后，11分39秒，“阿波罗11号”和“土星5号”的第三级进入了地球轨道。经过两圈的飞行，对飞船进行了系统检查后，第三级火箭在发射后2小

1969年7月20日，阿姆斯特朗操纵“飞鹰号”登月舱在月球表面着陆，当天晚上10时他和奥尔德林跨出登月舱，踏上月面。阿姆斯特朗率先踏上月球那荒凉而沉寂的砾土。

人类第一次在月球上行走

时44分16秒再次点火，将飞船推向登月轨道。发射后3小时17分，第三级火箭与指令舱与服务舱分离，此时距地球17 210千米。接着，指令舱与服务舱掉头，与登月舱对接。对接十分顺利。完成对接的“阿波罗11号”再次掉头，一直向月球飞去。

经过近3天的飞行，在起飞后75小时49分，也就是7月19日下午5点，服务舱发动机点火，使“阿波罗”减速，进入近月点113.5千米，远月点312.6千米的环月轨道。环月飞行持续了22个小时。

7月20日上午，阿姆斯特朗和奥尔德林进入登月舱。起飞后100小时14分，登月舱与指令舱服务舱分离。102小时33分，发动机点火，使登月舱下降到近月点16.7千米的椭圆轨道。从距登月点480千米开始，下降发动机再次点火，小型制动发动机和精确调整发动机协同工作，使登月舱按抛物线轨迹缓缓向月球上的“静海”落去。

距离降落还有20秒时，阿姆斯特朗和奥尔德林突然发现登月舱自动选择的降落点是一个大坑，坑内满是石头。如果降落遇到了大石头，又或者落在斜坡上，登月舱都很可能损毁或者倾覆。无论出现哪种情况，登月舱都不可能再次点火升空，两名宇航员将永远无法返回地球。

阿姆斯特朗马上操作飞船调整降落轨迹，最后降落在7千米以外的平地上。这时阿姆斯特朗的心跳次数是每分钟156次。

经过对登月舱认真检查并仔细观察周围的情况后，登月舱门打开了。阿姆斯特朗从舱内出来，在5米高的小平台上呆了几分钟，然后他伸出左脚，慢慢地走下扶梯，在每一级扶梯上稍微停一下，以使身体能够适应相当地球六分之一的月球重力环境。走完九级扶梯共花了三分钟。

起飞后109小时24分15秒，美国东部时间1969年7月20日22时56分14秒，阿姆斯特朗在月球上留下了人类的第一个脚印。

在这万众瞩目的瞬间，阿姆斯特朗说出了后来广为流传的一句话:“这是我个人的一小步,却是人类的一大步。”

19分钟后,奥尔德林也爬出登月舱,来到了月球表面。出舱时,他担心被锁在舱外,小心地虚掩了舱门。这个动作成为教育后来的航天员在任何情况下都要注意各种细节的经典案例。

全世界有几亿人通过电视信号看到了睡梦中也无法见到的独特风景。月球表面一片荒凉,看不到任何生命存在的迹象。太阳照亮了月面上的石块和沙砾,无数星星宛如黑幕上的宝石。抬头仰望,美丽的地球悬挂在天空,如同一轮蓝色的月亮。

航天员乘坐登月舱上升段点火升空,与停留在轨道上的服务舱和指令舱对接

阿姆斯特朗和奥尔德林在月面上活动了2小时31分钟。他们先是竖起了一面美国国旗,然后在月面上放置了一台激光反射仪、一台月震仪和一个用来捕获太阳风粒子的铝箔帆。接着,他们又采集了22千克的月球土壤和岩石的标本。

预定的月面活动时间很快过去。两名航天员回到登月舱,吃完饭后就休息了。他们在月球上共停留了21小时36分21秒。22日,他们乘坐登月舱上升段点火升空,与停留在轨道上的服务舱和指令舱对接。接着,登月舱的上升段被抛掉,服务舱开始点火,返回地球。

回首望去,“阿波罗11号”留在月球的登月舱在阳光下闪闪发光。在登月舱的下面有一块长22.5厘米,宽19厘米的金属纪念牌,上面刻着这样一段文字:“公元1969年7月,我们从行星地球而来在月球上首次留下足迹。我们是全人类的代表,我们为和平而来。”

航天传奇（三）

1969年7月16日，美国发射的“阿波罗11号”使人类首次登上了月球。7月20日，阿姆斯特朗、奥尔德林登陆月球静海。一段令人眼花缭乱的航天竞赛由此达到了高潮。

阿波罗总结

1972年10月19日，“阿波罗17号”溅落在太平洋上。这是“阿波罗”计划的最后一次飞行。从1969年开始，一共有六艘“阿波罗”飞船、12名航天员成功地登陆月球。而到最后一艘“阿波罗17号”登月为止，华盛顿已经在登月计划中花掉了240亿美元。相当于每个美国家庭为此负担了472美元。面对国内各方的质疑，也因为在登月的较量中美国大获全胜，原计划的“阿波罗18号”、“阿波罗19号”、“阿波罗20号”三艘飞船的登月任务被取消，“阿波罗”计划正式结束。

“阿波罗”在月球上进行了大量的试验，总共将381千克的月球岩石样品带回地球。这的确是人类航天史上空前的辉煌，华盛顿成功地把“苏联人摔倒在月球上”。

苏联登月计划

其实，月球同样引诱着苏联的航天精英。在得知美国人的“阿波罗”计划后，克里姆林宫立刻要求苏联科学家们制订自己的登月计划，抢在美国人之前将苏联航天员送上月球。

从1962年起，苏联的技术专家们为此做了大量的工作。包括飞船、登月宇航服、月球车等等装备先后研制成功。但是一直没有研制成功大推力的火箭发动机，苏联科学家没有像“土星5号”一样的大型火箭，无法将登月飞船的负荷送入地球轨道。

克里姆林宫不愿意在运载火箭技术上被美国人比下去。他们要求天才的科罗廖夫开发比“土星5号”更大推力的火箭，以显示苏联在航天技术上的全面优势。然而，1966年1月，科罗廖夫在一次小手术中因为意外而死在了手术台上。

至此，苏联方面的火箭研制计划变得更加不切实际。计划用于登月的N1火箭，从1969年到1972年，一共进行了4次试验，没有一次发射成功。1969年2月21日，火箭飞行2分钟后发生爆炸；1969年7月31日，火箭点火后在发射台上爆炸；1971年6月21日，火箭点火后在发射台上爆炸；1972年11月23日，火箭起飞不到2分钟发生爆炸。

至此，苏联政府停止了登月计划，当时的一套登月装置至今默默地躺在莫斯科的博物馆内。

美国从“日冕”间谍卫星看到了苏联拜科努尔发射场的惨状：火箭发射的失败使发射场满目疮痍。美国就此得出了苏联已经落后的结论。

联盟号飞船

不过，在这十年中苏联的航天计划并非一无所获。

飞行中的“联盟”飞船

尽管返回程序都是正常的，返回舱也安然着陆，但当人们打开舱门时，看到的却是这三名宇航员的尸体。

指令长扎尼别科夫带领女宇航员萨维茨卡娅太空行走作业3小时39分钟，萨维茨卡娅为此体重减轻了3千克

“联盟”系列载人飞船的研制成功就是苏联航天技术的一项伟大成就。直到今天，“联盟”飞船仍然是来往于地球和太空的可靠的交通工具。到目前为止，前苏联/俄罗斯已经制造各种型号的联盟飞船超过230多艘，形成了一个庞大的家族，包括有几十种型号。

“联盟”飞船的研制一开始进行得并不顺利。1967年4月23日凌晨3时35分，弗拉基米尔·M.科马罗夫上校乘坐联盟1号飞船，在一片欢呼声中，从拜科努尔发射场准时发射升空。

“联盟1号”进入太空后，科马罗夫发现飞船左边的太阳能电池帆板没有打开，整个飞船的供电因此受到了影响。

飞到13圈时，飞船故障未消失，姿态仍不稳定。飞控中心经过慎重研究，向科马罗夫发出命令：在第17圈时驾驶飞船返回地球。但是飞船调姿失败，未能返回。第19圈时，科马罗夫手动控制，使飞船进入了返回轨道。

飞船降落至离地面10千米高度，地面指挥人员听到科马罗夫说：“降落伞没有打开！”

令人绝望的几分钟后，1967年4月24日6时24分，“联盟1号”带着一团火光，以每秒100多米的速度冲向地面，坠毁于乌拉尔地区奥尔斯克以东65千米处，科马罗夫当场牺牲。当救援人员赶到现场时，飞船残骸还在燃烧。

苏联：第一个空间站

既然登月已经无望，克里姆林宫和苏联科学家们变得实际起来。当时的航天员在太空最多也就停留十几天，那么，更长时间的太空生活对人类会有什么样的影响？利用太空的微重力和高真空环境，科学家们可以进行很多在地球上无法进行的试验，这些试验可以得到什么样的结果？显然，长期有人照料的空间站是解决上述问题的最佳手段。

现在，有了可靠的载人飞船，苏联开始全力进行空间站的设计和研制。

“礼炮6号”

"礼炮7号"

1971年4月19日，苏联发射了人类第一个空间站——"礼炮1号"。它在约200多千米高的轨道上运行，站上装有各种科学试验设备和照像摄影设备。

建造第一个轨道空间站的尝试取得了成功。但为了获取这一成就，苏联也付出了惨痛的代价。

6月29日下午9时，"联盟11号"的3名航天员多勃罗沃尔斯基、弗拉基沃尔科夫和帕查耶夫，离开"礼炮1号"返回地球。他们在空间站共停留了23天18小时22分，进行了一系列天文观测、植物在失重条件下生长的实验和一些医学实验，获得不少宝贵资料。对接期间，还两次将空间站的轨道抬高。

6月30日1时35分，飞船按程序启动制动火箭。在再入大气层前，返回舱和轨道舱分离。但连接两舱的分离插头分离后，返回舱的压力阀门被震开，密封性能被破坏，返回舱内的空气从该处泄漏，舱内迅速减压，致使航天员因急性缺氧、体液沸腾而死亡。

"礼炮"花絮

"礼炮号"终于稳定了，像在地面一样，在里面的航天员们可以正常作息了，航天员在空中每周可休息一、两天。他们可以读书、看电视、听音乐，欣赏窗外的独特风景。1975年7月，"礼炮-4号"空间站上由于温度控制系统失灵，舱内四壁爬满了"绿色霉菌"，航天员想返回地面的请求被地面中心拒绝后，他们不得不与"霉菌"进行斗争。这场战斗持续了两个月才告结束。

苏联一共发射了7座"礼炮号"空间站，前5座只有一个对接口，即只能与一艘飞船对接飞行。因储备有限，在太空中的寿命都不很长。经过改进的"礼炮6号"和"礼炮7号"空间站，增加了一个对接口，除接待"联盟号"载入飞船外，还可与"进步"无人货运飞船对接，用以补

空间实验室

航天飞船与“和平号”空间站对接

给所需的各种用品。

1977年9月29日发射上天的“礼炮6号”空间站，在太空飞行近5年，共接待18艘“联盟号”和“联盟T号”载人飞船，总计16批33名航天员到站上工作。

1982年4月19日“礼炮7号”空间站进入轨道飞行，接待了“联盟T号”飞船的11批28名航天员，其中包括第一位进行太空行走的女航天员萨维茨卡娅。特别是1984年3名航天员基齐姆、索洛维约夫和阿季科夫在空间站创造了237天的飞行纪录。“礼炮7号”空间站载人飞行累计达800多天。

前苏联没有在登月计划上与美国进行正面的较量，他们在轨道空间站的发展和研究上取得了巨大的成功。

美国方面

苏联的“礼炮”空间站一座接着一座，空间站的实用价值高于登月活动的看法这时在航天界渐成共识。美国人有点坐不住了。于是，利用“阿波罗”计划的剩余物资，美国人也建造了一座空间站——“天空实验室”。1973年5月14日，全长36米，最大直径6.7米，总重77.5吨的“天空实验室”上天了。

这座由轨道舱、过渡舱和对接舱组成的空间站可提供247立方米的工作场所。它在435千米高的近圆空间轨道上运行，先后接待了由“阿波罗号”飞船送去的3批9名航天员到站工作。这9名航天员在站上分别居留28天、59天和84天。1974年2月第三批航天员离开了“天空实验室”。剩余的“阿波罗”飞船已经用完，新研制的航天飞机又迟迟不见上天，“天空实验室”只好封闭停用，1979年7月12日，“天空实验室”在南印度洋上空坠入大气层烧毁。在空间站技术上美国至今没有能够追上俄

“和平”号空间站

罗斯。

苏联第二代空间站

苏联的第二代空间站“礼炮6号”和“礼炮7号”在运行9年后，显示了其潜力有限、不能完成规模更大、专业性更强的科学任务的局限。“礼炮号”系列空间站体积小，重量轻，可以由运载火箭一次送入地球轨道，无需对接组合和装配大型系统。这虽然使风险大大降低，安全性提高，但是，其规模小、不易扩展、内部的组件安装紧凑不易维修的问题也突出起来。此外，“礼炮号”空间站与地面系统的通讯时间比较短，每围绕地球一圈只有15～20分钟的时间，它们的使用和管理局限显而易见。

苏联第三代空间站

为了解决这个问题，苏联又研制了第三代“和平号”空间站。1976年，“和平号”空间站计划正式制定。1986年2月20日“和平号”空间站的核心舱入轨，可同时和6艘宇宙飞船或航天器对接，组成一个大型轨道联合体，具有未来空间城的雏形。

1986年3月15日，“和平号”空间站迎来了它的第一批乘客。苏联航天员基奇姆和索洛维耶夫进入空间站，对其进行了全面检查。接着，两位航天员像开小货车一样驾驶着“联盟T–15号”飞船在“和平号”和“礼炮7号”之间进行了一次穿梭飞行。将“礼炮7号”上的20件仪器设备转移到了“和平号”空间站上。

1987年2月6日“联盟TM–2号”飞船、3月31日“量子号”天体物理实验飞行器、4月23日“进步29号”货运飞船先后都与“和平号”对接成功，形成了世界上第一个四位一体的轨道联合体。空间站上的发动机装置、调节温度和供氧系统、遥测电视系统、通信系统等都更加自动化，操纵可靠、方便，可同时供5～6人工作和居住，站内环境与地球上基本相同。还增开了与地面医生、家属的通话专线，全站比“礼炮号”处理的信息量大2～3倍。

美苏握手

经过20世纪五六十年代的激烈对抗与竞争，美苏双方都在人力物力上付出了高昂的代价，在地球上空上演了一出最为昂贵的对抗性超级悬疑剧 。

随着美苏在研制方向上的差异，双方的太空合作成了新的话题。桌下竞争，桌上握手，在1972年5月举行的美苏最高级会议上，美国总统尼克松和前苏联部长会议主席柯西金签署协议，把为期5年的合作协定敲定，正式批准：“发展苏联和美国载人飞船和空间站的相容会合与对接系统，以提高载人航天飞行的安全性，并为将来进行联合科学实验提供机会。”

1975年7月15日，“联盟19号”飞船从拜科努尔发射场顺利升空。该飞船在第4圈和第17圈作了两次机动变轨，最后进入高225千米的圆形轨道。在“联盟19号”飞船起飞后7小时30分，一枚“土星1B”火箭把“阿波罗18号”送入与“联盟19号”相同的轨道，追赶“联盟19号”飞船。在“阿波罗18号”飞船飞到第29圈、“联盟19号”飞到第36圈时，两飞船开始对接。这伟大的一幕“表演”顺利而精彩，对接完成时间比原计划提前几分钟，相容性对接系统设计极为成功。从此以后，美俄飞船对接，美国飞船与俄罗斯空间站对接成为例行公事。后来，美国航天员干脆成了苏联“和平号”空间站的常客。

“和平号”退休

在超期服役多年后，“和平号”的故障越来越多，难以正常运转。据统计，“和平号”上共发生了近两千次故障，其中近一百次故障一直未能排除。1997年6月发生货运飞船撞穿“和平号”“光谱”舱事故震惊了航天领域。维持“和平号”耗资巨大，俄罗斯政府对此无能为力；而外国航天部门对合作反应冷淡。万般无奈之下，俄有关部门不得不下决心坠毁“和平号”。2001年3月23日北京时间14时0分12秒，“和平号”在人为控制下，拖着耀眼的蓝烟掠过斐济岛，在整整8秒的时间里，重达143吨的空间站全部解体和烧毁，碎片划过天空之后三分钟，随着隆隆的轰鸣，“和平号”空间站成功坠毁在距斐济数百英里的南太平洋预定区域。

“自由号”空间站计划

为摆脱空间站方面的劣势，1984年1月，当时的美国总统里根宣布，美国将在10年内投资80亿美元，建成规模庞大的永久载人空间站，并邀请盟国参加，他们希望借此压倒前苏联即将发射的“和平号”空间站。欧空局、日本、加拿大等国迅速作出响应，于1988年加盟该计划。“自由号”空间站计划启动了。原计划，在10年之内建成初具规模，达到短期有人照料的空间站，然后于1997年全部建成，实现永久载人。

但是，由于“自由号”的目标定得太高，其政治、经济、技术制约颇多，其设计一变再变，规模一次次缩小，技术难度不断下降，研制经费不断上涨，而研制进度却一再延后，反对“自由号”空间站的呼声日益高涨，计划险些被取消。

第二次握手

冷战的结束为美俄间的空间站合作提供了政治

航天员福阿莱（图左）和卡列里行走在太空3小时后，卡列里的宇航服内温度升高，出现水汽。为安全起见，美俄专家决定提前结束“太空行走”

条件。考虑到俄罗斯丰富的空间站研制、管理经验，美国向俄罗斯发出了邀请，而俄罗斯经济急剧滑坡，无力单独建造计划中的“和平2号”空间站，迫切需要美元的支持。双方各取所需，一拍即合。

美国航宇局很快拿出了俄美联合建造载人空间站的总体构思——全球空间站方案。它是一个合二为一的方案，由“自由号”空间站“阿尔发”方案与俄罗斯的“和平2号”空间站结合而成，其主要舱段和部件有：一根主体架、“和平2号”核心舱、“礼炮号”拖船、美国的实验舱和居住舱、欧空局的增压舱、日本的实验舱、加拿大的空间移动服务中心、太阳热动力发电装置和空间热辐射器等。

1998年11月，俄罗斯发射了“国际空间站”中的第一个部件——“曙光号”核心舱，1个月后，美国发射了“节点1号”太空舱并成功与核心舱完成对接，从此拉开了建设“国际空间站”的序幕。

太空行走

2004年2月27日的5时17分，美国航天员福阿莱和俄罗斯航天员卡列里先后走出正在建设中的国际空间站。

太空行走，是要航天员身穿航天服，背负喷气背包，到航天器外进行太空活动。此时的人体已经变成了单独的空间的飞行物或地球卫星。身上的喷气背包由压缩氮气箱、供气系统、喷气推进器、电子控制设备、温度控制装置和蓄电池等组成。

按照预定计划，福阿莱和卡列里这次太空行走的主要任务是：把欧洲宇航局的一个电子人体模型“兰多先生”安放到俄罗斯“星辰”号服务舱外，测量宇宙射线对人体的长期影响，为今后进行的火星载人飞行做准备；在空间站外放置一个激光反射装置，用于2005年的欧洲ATV货运飞船与空间站的准确对接；更换空间站上老化的天线等。

然而，卡列里的太空服中一根制冷管出现弯曲导致制冷系统失常，管子的小故障阻断了任务的执行，首次在国际空间站无人留守的状态下进行太空行走的“冒险之旅”提前结束。

国际合作

航天国际合作在经历了20世纪60年代的东西两大阵营内部合作、20世纪70年代的美苏有限合作到20世纪80年代的全面国际合作之后，仍在迅速发展。1992年1月22日，美国“发现号”航天飞机的飞行树立了国际广泛合作的新典型。

目前正在太空中边飞行边建造的“国际空间站”已属于第四代空间站。整项计划耗资600多亿美元，是人类迄今为止规模最大的载人航天工程。

2000年11月，中国政府发表《中国的航天》白皮书，其中有关轨道空间站的部分说道：在今后20年或稍后一个时期，中国将解决有较大规模的、长期有人照料的空间站应用问题，建立起完整的航天体系。

航天传奇（四）

战略防御

1960年8月12日，一架苏联专机从北京起飞，返回莫斯科。机上乘坐的是紧急撤离的苏联火箭技术专家。他们为了帮助中国发展火箭技术而来，现在却不得不因为中苏两党、两国政府间的政治分歧而匆匆离去。

新中国成立不久，就遭到了西方大国的核威胁。这种战略威胁，只能通过战略力量来防御。1956年春，国务院组织了全国数百名科学技术专家，制定了《一九五六年至一九六七年科学技术发展远景规划纲要（草案）》，提出了“重点发展，迎头赶上”和“以任务带学科”的方针，确定了57项重点任务。火箭技术是其中特别强调的重点之一。

国防部第五研究院从有关部门抽调了30多名技术专家和100余名应届大学毕业生开始研究他们从未接触过的火箭和导弹技术。

苏联援助

由于当时的中苏关系正在蜜月期，苏联方面相当慷慨。1955年，苏方接收50名火箭专业留学生，提供两发教学用的，仿制于德国V2的P–1模型导弹。在苏联获得远程战略导弹技术和卫星发射成功之后，苏方领导人放松了对中国提供技术援助的态度。1957年10月15日，中苏双方签订了新技术协定（后称为“10月15日”协定），约定由苏方从1957年至1961年底，向中国提供几种导弹样品和有关技术资料，派遣技术专家帮助进行仿制，提供导弹研制、发射基地的工程设计，增加接受我国火箭专业留学生的名额等等。

这种国产的P–2导弹，被命名为“东风”1号

中国空间技术研究院

然而，不久以后，中苏之间就出现了政治上的分歧，双方开始了激烈辩论，两国间的关系也急转直下。1962年8月，就在酒泉火箭发射基地建设和仿制苏联P-2导弹的工作进程达到高潮的时候，苏联单方面撕毁了“10月15日协定”，全面撤回技术专家，所有技术资料均被带走。

初步战略力量的形成

中国的火箭专家们并没有在气愤和失望的情绪中沉浸很久。1960年9月，一枚苏制P-2短程弹道导弹发射升空，全面考核和验证了我国第一个火箭发射试验场的工程设备，而这枚导弹使用的，正是不久前还被苏联专家断定为“肯定会爆炸”的国产燃料。很快，1960年11月5日，在同一个发射场上，我国自制的P-2导弹完成了首飞试验。同年12月，又连续两次进行了国产P-2导弹的试验，全部取得了成功。中国的火箭发展，有了一个完美的开始。

仿制的火箭没有问题，下一步就是自行设计。考虑到循序渐进和量力而行的原则，新的火箭在进行总体方案设计时，科研工作者决定充分利用前一段仿制过程的技术成果，在P-2导弹的基础上，采取“放大”的办法，使之具有较强的技术继承性。在接下来的两年多时间里，国防部五院的专家和工作人员怀着极大的热情投入这被命名为“东风2号”的新型号火箭的研制当中。

1964年6月29日，“东风2号”成功发射

然而，和所有开拓性的事业一样，仅仅拥有热情并不足以保证事业的成功。1962年3月21日，我国自行设计的第一枚“东风2号”弹道导弹进行首次飞行试验。点火的红色按钮按下，火箭在轰鸣中缓缓上升，看起来似乎一切顺利，性急的人已经忍不住欢呼了起来。可是，很快，火箭就在空中失去了姿态，紧接着，发动机开始起火，坠毁在发射台附近。

失败如同一场大雨，令充满热情的中国火箭人冷静了下来。从1962年到1964年，国防部五院在全国各地建设了一大批新的科研机构和包括大型火箭发动机试车台、全箭系留试车台、全箭震动试验塔、热应力试验室、水力试验室、控制模拟试验室、超音速风洞、跨音速风洞和高速高温电弧风洞等28个重点工程项目。

国防部五院的火箭专家们几乎重新设计了整个系统，他们严格按照程序，设计、生产和试验。修改设计后的火箭，先后通过了17项地面试验，包括发动机性能和可靠性试车，控制系统综合、模拟试验和多次全箭试车等等。

好消息一个接一个，1964年10月16日，中国第一颗原子弹在罗布泊爆炸成功，1965年5月，又成功地进行了空爆试验。1966年10月27日，经过周密准备，一枚运载核弹头的火箭发射成功。火箭飞行正常，弹头在预定位置实现爆炸。至此，中国正式拥有了具有实战效能的战略武器。和首次核爆时一样，我国政府再一次郑重宣布，中国发展核武器完全是为了防御，中国在任何时候、任何情况下，决不首先使用核武器。

当时美国和苏联早已进入了核武器时代。两国当时都已拥有射程达1万千米以上的战略核导弹。美国1963年投入现役的“大力神”Ⅱ，可以运载2000万吨级核弹头，射程15 000千米。

卫星上天

比起火箭技术来，中国的卫星技术更是从零开始。1958年，中国科学院组建了上海机电设计院，开始对卫星和民用火箭技术进行初步探索。随后，为了保证五院在火箭方面的技术力量，1959年，中国科学院决定调整方向，暂停研制大型运载火箭和人造卫星，把力量重点转到探空火箭上。1960年2月，我国自行设计的试验型液体探空火箭首次发射成功。1961年，苏联和美国先后将自己的航天员送上了太空。1964年起，利用“T−7”火箭的生物改进型，中国科技人员先后将果蝇、大白鼠和其他生物送上60～70千米的高空。小狗“姗姗”和“小豹”也作为中国航天的动物先驱者完成了地球高空的旅行，两只小狗安全地返回了地面。

1964年，随着导弹、核弹等尖端技术取得重大突破，中国的战略防御力量完成了初步的建设，加速发展空间技术的问题开始提到了议事日程。知名科学家钱学森、赵九章等先后上书，建议将人造卫星和运载火箭的发展尽早列入国家计划，促进发展。1965年4月，国防科委提出了1970年至1971年发射我国第一颗人造卫星的设想。7月，中国科学院提出了《关于发展我国人造卫星工作的规划方案建议》。中央专门委员会先后原则批准了上述设想和规划，决定将这项工作纳入国家计划。

1966年5月，经国防科委、中国科学院、七机部的负责人罗舜初、张劲夫、裴丽生、王秉章和钱学森等共同商定，我国第一颗人造卫星命名为“东方红一号”，运载火箭命名为“长征”一号，采用两级液体燃料火箭加第三级固体燃料火箭组成，计划于1970年发射。

1970年4月1日，装载着两颗“东方红一号”卫星

1960年9月，正式型号的“T−7”液体燃料火箭发射成功

“东方红一号”卫星是一个72面球形体

“东方红二号”地球静止轨道通信卫星

和一枚“长征一号”运载火箭的专列抵达了酒泉。

生产时一共制造了五颗“东方红”卫星，其中3颗用于各种试验，运到酒泉的两颗，一颗作为发射星，一颗备用。4月2日，发射基地开始按照预定工作程序对卫星开始全面检测。4天后，检测完成，确认两颗卫星均符合设计要求。4月8日，“长征一号”运载火箭完成第一次总检查，卫星与火箭对接，呈水平停放状态。4月10日，第二次和第三次总体检查全部完成。随后，火箭和卫星起吊安装，系统进入了垂直状态的综合测试。

4月19日，离预定的发射时间只有5天。在对卫星的综合测试中，工作人员突然发现卫星上的通信系统出了问题，这将会影响地面站的跟踪。经过20多个小时的检查，终于发现原来是末级火箭的一块防热屏翻卷了起来，将金属膜朝向了外面，干扰了通信系统。

故障排除了，最后的发射时间确定在4月24日21时35分。气象部门预报，当天20时到21时，云高7000米以上，风速小于4～5米每秒。当天上午，“长征一号”加注了推进剂，紧接着，整个系统进入8小时准备。

现场的气氛越来越紧张。直到20时，发射场上空依然浓云密布，对自己的预报结果非常有信心的气象专家也开始担心起来。21时，云层突然散开了，火箭的发射程序立刻进入了最后的倒计时。

21时35分，伴随现场指挥员的口令，火箭发动机喷出了橘红色的火焰。酒泉的戈壁滩上，很远的地方都可以听到震耳欲聋的轰鸣声。巨大的气流把发射架下导流槽里的冰块吹出了五六百米。“长征”火箭缓缓升空，逐渐加速，将“东方红一号”送向茫茫夜空的深处。

13分钟后，发射现场的广播里传出了喜讯：“星箭分离，卫星入轨！”整个发射场内顿时欢声一片，大挂的鞭炮“噼里啪啦”地响了起来，几乎所有人都投入了欢乐的海洋。

21时50分，国家广播电视局报告，收到了“东方红一号”播送的《东方红》乐曲，声音清晰洪亮。等到了这个消息后，刚才还万分紧张的卫星技术人员们立刻冲出门，加入到欢乐的人群中去了。

美国媒体首先向全世界报道了这个消息。“中国空间技术发展神速，超过西方预料”等等之类的标题一时之间成了世界各大媒体的头版头条。4月25日下午6点，新华社向全世界宣布：“1970年4月24日，中国成功地发射了第一颗人造地球卫星，卫星运行轨道，距离地球最近点439千米，最远点2384千米，轨道平面与地球赤道平面的夹角68.5度，绕地球一周114分钟。卫星重173千克，用20.009兆赫的频率播送《东方红》乐曲。”

至此，中国成为继苏联、美国、法国、日本之后的第五个将人造卫星送上太空的国家。令航天人遗憾的是，“东方红一号”没有能抢在日本的前面发射升空。1970年2月11日，日本成功地在鹿儿岛发射场将他们的第一颗人造卫星“大隅号”送入太空。比

“东方红三号”中等容量通信广播卫星

中国提前了71天。

风雨历程

回首中国卫星35年来的发展道路，风险和压力首尾相随，从无间断。

自1957年第一颗人造卫星上天后，美苏两国迅速将卫星技术实用化。1959年2月，美国发射了第一颗返回式军事侦察卫星“发现者1号”。到了1962年2月，“发现者”就发射了38颗。苏联的类似卫星也在1962年4月发射升空。到现在为止，这种名为“天顶”的侦察卫星已经发展了3代，其发射数量、发射时间和技术指标依然是俄罗斯军方的绝密内容。

到20世纪70年代初，美苏两国已经发射了数百颗各种类型的人造卫星。通信、气象、资源遥测，尤其是在军事应用方面，人造卫星发挥了无可比拟的巨大作用。外层空间没有国界，航天器在空间轨道上运行可以居高临下，全时域、全空域、全天候地监视和掌握地面、海上和空中战场所发生的一切情况和变化。指挥者可以实时地了解这些信息，以采取正确的对策，确保作战指挥和战斗实施的准确无误。

2000年6月，第二颗“风云二号”卫星定点于东经150°

压力下的中国卫星科研人员别无选择。

1971～1984年，是中国卫星工程的技术试验阶段。

在这一阶段中，我国先后研制成功了返回式遥感卫星和试验性通信卫星。1975年11月26日，首次发射的返回式遥感卫星，使中国成为世界上第三个掌握卫星返回技术的国家。从1976年至1984年，中国相继研制发射了5颗返回式卫星，其试验和回收均获得成功。

1975年，我国开始研制试验性通信卫星，1984年1月发射了一颗试验卫星，同年4月8日发射成功第一颗“东方红二号”地球静止轨道通信卫星，4月16日定点于东经125°赤道上空，使中国成为世界上第五个能独立研制和发射静止轨道卫星的国家。

1985年起至今，中国卫星工程从技术试验进入了工程应用阶段。在此阶段，返回式卫星在连续多次试验成功的基础上进入了实际应用，为国民经济各领域提供了大量的图片和数据。同时卫星性能得

“长征一号”系列火箭主要发射近地轨道的小型卫星

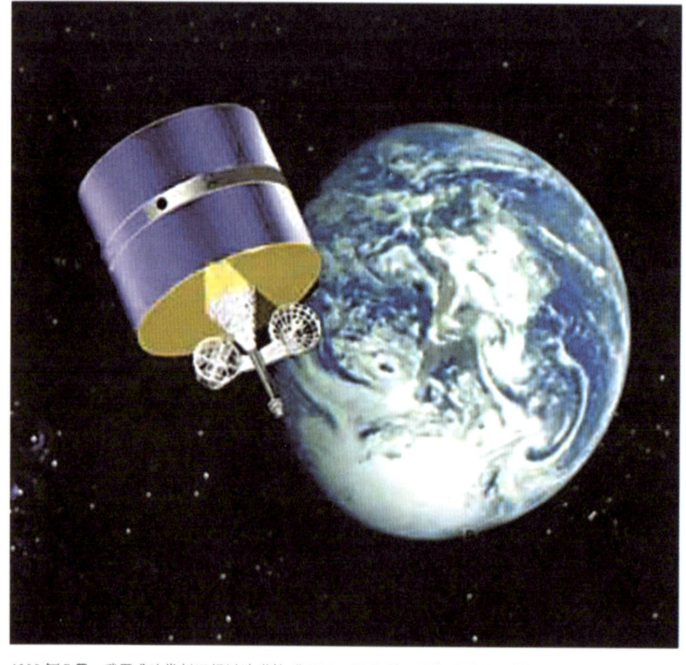
1999年5月，我国成功发射了经过改进的“风云一号”第三颗气象应用卫星

到了改进，卫星在轨工作时间从起初的3天延长到15天。

从1994年起，以试验性“东方红三号”中等容量通信广播卫星的发射为标志，中国的卫星工程进入了高速发展的阶段。

1997年5月，第二颗“东方红三号”通信广播卫星，成功定点于东经125°的赤道上空；1997年6月“风云二号”地球静止轨道气象卫星发射成功；到目前为止，我国已初步形成四个卫星系列：返回式遥感卫星系列；“东方红”通信广播卫星系列；“风云”气象卫星系列和“实践”科学探测与技术试验卫星系列；资源卫星系列和海洋卫星系列也即将形成。

丰硕成果

自1970年起，中国以平均每年1.6颗的速度发射卫星。对国民经济的建设发挥了巨大的作用。例如，利用卫星照片，两年时间内中国就完成了全国陆地、海域的分析。在北京找到了铁矿，内蒙古找到了金矿，浙江发现了铅锌矿，

“长征一号”运载火箭

新疆在克拉玛依老油田又发现了4个新的储油带。

利用通信卫星，中国的老百姓可以在电视上看到几十个频道，金融系统实现了现代的资金流动体系，卫星教育电视已培养了数百万的电大毕业生，近一千万农民在收看农业实用技术讲座。

气象卫星在大气探测和气象预报中成为无可替代的探测工具。卫星发回地面的资料帮助气象专家们进行自然灾害监测、农作物估产、海洋捕捞、中长期天气预报和气象研究，每年可带来巨大的经济效益，防止自然灾害带来的损失。

此外，中国利用返回式卫星还进行了300多种农作物的太空育种，培育出了一批高产、优质的小麦、水稻和蔬菜种子。

中国已经发射了48颗国产人造卫星，其中返回式遥感卫星17颗，通信卫星10颗，气象卫星5颗，资源卫星2颗，导航定位卫星2颗。这些应用卫星占卫星总数的73%。

同样的，用来发射卫星和飞船的运载火箭，也发展成了一个兴旺的大家族——“长征”系列火箭。“长征二号”火箭主要用于发射近地轨道的大、中型卫星；“长征三号”火箭主要用于发射距地球赤道上空36 000千米的地球同步轨道卫星；“长征四号”负责发射绕地球两极飞行的太阳同步轨道的航天器。

“长征”火箭不但可靠性好，品种系列齐全，更重要的是，它的投入产出比稳居世界第一。据统计，从1956年至1986年的30年间，中国航天的投资（包括火箭、卫星等）共为126亿人民币，而同期的美国为2200亿美元，苏联为3700亿美元，欧空局为201亿美元，日本为62亿美元。

半个世纪里，在几乎没有外援的情况下，中国人独立发展了自己的航天工业体系。从1970年起到2005年底为止，中国一共发射了卫星60余颗，无人和载人飞船6艘。

航天传奇（五）

2003年10月16日，国际空间站第八远征队，包括俄罗斯航天员亚历山大·卡勒里，西班牙航天员佩罗·杜克，乘坐俄罗斯“联盟”TM A-3飞船从拜科努尔航天发射场升空，前往国际空间站替换已经在那里生活了200天的俄罗斯航天员马连琴科和美国航天员卢杰。然而，往常总会占据重要版面的这条消息，今天却被挤到了不起眼的角落。

“神舟五号”发射

杨利伟，第一个进入太空的中国宇航员

掌声中的杨利伟

因为，就在这一天的早晨6时23分，中国的第一艘载人飞船“神舟5号”降落在内蒙古草原的中部。

载人飞船

到目前为止，人类所发射的载人航天器一共包括三种类型：载人飞船、轨道空间站和航天飞机。毫无疑问，载人飞船是其中历史最长、建造数量和发射次数最多的一种。航天员们不仅用它进行近地轨道飞行，试验载人航天技术，完成各种空间科学试验，还将它作为空间站的救生船。万一在空间站里工作时遇到紧急情况需要撤离，载人飞船就是他们安全返回地球的唯一希望。

“神舟”载人飞船

与可以重复使用的航天飞机不同，载人飞船的飞行是一次性的。在返回大气层之前，除了返回舱以外，所有其他舱段都会被抛掉。而成功返回地面后，返回舱也完成了它的使命。

正因为如此，载人飞船的安全系数比航天飞机要高一些。返回舱采用伞降的方式落地，不需要机翼、起落架等相对复杂和脆弱的部件。美国“哥伦比亚号”航天飞机就是因为机翼上的隔热瓦破损，导致返回时承受不住气动高热而空中解体的。

迄今为止，共有18位航天员在飞行事故中丧生，而在美国两次航天飞机失事中殉职的航天员就有14位。

发起/论证

早在我国政府决定启动载人航天工程之初，航天部下属的3个研究院——上海八院、北京一院及五院各提交了一份载人航天发展方案，其中八院和一院的方案是研制航天飞机，上海八院方案中的航天飞机被命名为“长城一号”；北京五院则提出了飞船计划，也就是今天“神舟号”飞船的前身。

各方随即对航天飞机和载人飞船二者的可行性进行论证，考虑到航天飞机代表着现今最高的航天技术，当时有不少人都对此表示支持。但论证结果最终选择了飞船，对此，有两个原因起到了决定作用。

第一，当时苏联在飞船研制方面的技术已经成熟，而中苏航天界的关系密切，科研交流较多，发展飞船可以直接借鉴苏方的技术；美国的航天飞机当时虽然已经上天，但中美之间没有技术交流，如果研制航天飞机，全部都要依靠自己的力量。

第二，当时的综合国力决定了研制飞船的可行性更大。研制航天飞机的投入是飞船的几十倍甚至上百倍，美国建造的最新的一架航天飞机“奋进号”，耗资高达50亿美元，相当于3～4艘大型核动力航空母舰的价格。而且，航天飞机的维护费用也高得惊人，它虽然可以多次重复使用，但在每次飞行后都需重新更换表面的2万多块隔热瓦及部分内部仪表，耗资在4亿美元到5亿美元之间。而我国“神舟号”飞船的造价是：每艘4亿～5亿人民币。

神舟之初

1992年8月11日，李鹏总理主持中央专委会议，参会的14名专委一致同意中国载人航天计划分三步走：

第一，在2002年前，发射两艘无人飞船和一艘载人飞船，建成初步配套的试验性载人飞船工程，开展空间试验。

第二，在第一艘载人飞船发射成功后，大约在2007年左右，突破载人飞船和空间飞行器的交会对接技术，并利用载人飞船

中国的航天员

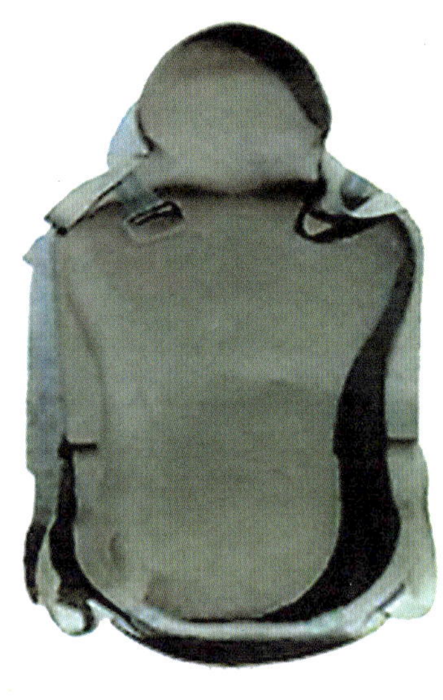

航天员的座椅看起来有点奇怪，总长度不到1.3米，后背靠着的地方向下凹，专用术语把它称为"椅盆"。

技术，改装、发射一个8吨级的空间实验室，解决有一定规模的、短期有人照料的空间站应用问题。

第三，建造20吨级的空间站，解决有较大规模的、长期有人照料的空间站应用问题。

1992年9月21日，中共中央政治局第十三届常委会第195次会议正式批准载人飞船工程上马，自此，我国载人航天工程正式立项实施，代号"921"工程。

"神舟"的结构

随着"神舟6号"顺利完成飞行任务安全返回，"神舟"载人飞船已经成为较为成熟的空地往返工具。我国载人航天工程虽然起步较晚，但充分利用了后发优势，没有走加加林时代先单人，后多人的老路，而是一步迈过美俄40年的发展历程。"神舟"飞船内部空间大，智能化程度高，每次可运载3名航天员执行太空飞行任务。

"神舟"飞船由轨道舱、返回舱、设备舱和一个过渡段组成。

轨道舱是航天员工作和休息的场所，它的外形为圆柱形，位于返回舱前面。轨道舱的两侧安装了太阳能电池板，每块电池板的面积大约是6平方米，它们可以提供0.5千瓦以上的电力给飞船使用。

"神舟号"飞船的轨道舱兼有宇航员生活舱和留轨试验舱两种功能。尾部有4组小型推进发动机，为飞船提供辅助推力，保证轨道舱分离后继续保持轨道高度；轨道舱一侧靠近返回舱部分有一个圆形的舱门，为航天员进出轨道舱提供了通道；舱门的上面是观察窗，航天员可以从这里欣赏太空的壮丽景色。

"神舟"飞船的轨道舱还有一项特殊的功能。国外飞船的轨道舱通常在飞船返回时被抛掉，要么留在轨道上成为太空垃圾，要么直接坠入大气层烧毁。而我国通过技术改造，会让轨道舱继续留在轨道上工作。这个与返回舱分离后的轨道舱在轨道上停留大约半年，它的作用相当于一颗人造卫星，可以用来进行一系列科学实验。另外，它还能作为未来空间交会对接的一个飞行器。这样，我们在试验空间交会对接技术的时候就不必像美国和前苏联那样一次发射两艘飞船了。

返回舱位于飞船中部，是航天员在发射、返回和驾驶飞船时逗留的地方。它的外形为钟形，结构密封，前端有舱门，供航天员进出轨道舱使用。

为什么返回舱要采取这种外观呢？钟形返回舱利用外形上的气动效果可

“长征二号”F载人火箭

以更精确地控制自身的运行轨迹。另外，球形返回舱不容易获得稳定的返回姿态，很难使用安装缓冲发动机的方式来减缓落地时产生的冲力。这也是“东方号”飞船采用相对复杂和高风险的弹射方式，进行人、舱分别伞降的一个主要原因。

返回舱里的仪表系统，是航天员的“秘书”，这位特殊“秘书”通过3个显示屏和6块机电仪表以及各种按钮，及时向航天员报告舱里、舱外的多种信息，协助航天员下达各种指令。整个飞行期间，除了与地面指挥中心通话联系外，其他的信息全靠这位“秘书”提供，比如，飞船的飞行姿态怎么样，速度是多少，飞行时间、飞行圈数，飞到地球什么地方的上空了，各系统工作得怎么样，航天员自己的身体状况和生理参数等等。“秘书”还会及时通知航天员近期的工作计划和日程安排，甚至连航天员的日常起居也要管。航天员们起床、吃饭、午休、锻炼、睡觉，都会从“秘书”这里得到提示。

“秘书”还提供其他服务。比如，航天员想了解有关地理方面的情况，只要按下“地图”按键，显示屏上就会出现一幅世界地图，并标出了相对地球而言飞船当前的位置以及飞行的轨迹。想看地图的哪一部分，显示屏可以把此区域的地图放大，清楚地显示地面上山川、水域和大城市的信息。航天员如果想知道飞船内环境的情况，按一下“环控”按键，舱内压力、二氧化碳含量、温度、湿度、噪声水平、辐射剂量、氧气储量、饮用水储量等各种参数就会显示在液晶屏上，包括舱内的垃圾自动收集与处理的情况都不会漏掉。

设备舱在飞船的尾部，安装了推进系统、电源、气瓶和水箱等设备。两侧各有一对太阳能电池板，长宽2.0米×7.5米。与前面轨道舱的电池板加起来，可产生1.5千瓦以上的电力。设备舱的尾部是飞船的推进系统。主推进系统由4个大型主发动机组成。

航天员在飞船中的座椅上工作

另外它还有4对纠正姿态用的小推进器。

飞船上的开关、按钮数量可观。航天员在飞船上的坐姿有点像坐在小木盆里，身体被带子紧紧地束缚在椅内，手臂能够到的地方十分有限。因此，常用按钮都被设置在不用改变体姿手臂就能够到的地方，座椅扶手处还放置了一根"指挥棒"，用来操作手臂够不到的开关。

飞船上各种按钮和开关的尺寸都做得比地面上的大，它们之间的间距也很大，免得航天员戴着手套触摸不方便，按钮的表面也有意制作得不太光滑，以防止手套接触打滑。不同功能的按钮一般相距较远，防止出现误操作。一些重要的按钮、开关还设置了安全锁，在不应该工作的时候，即使误碰它也不会起作用。

逃逸塔

座椅

发射前，一旦确定了上天的航天员，就要把他专用的减震垫嵌入座椅的椅盆内。航天员躺进座椅后，腿脚蜷曲着放在踏板上。两条肩带和裆带把航天员的躯干固定在座椅内，两条腿带把航天员的双腿固定。这些带子用高强度阻燃丝制成，长短可以调节。

座椅下面的缓冲器和座椅上的缓冲减震垫，是为减少飞行中的震动和冲击过载而设计的。降落伞可以将返回舱的速度减低到每秒8～10米，但这个速度依然相当于航天员从三四楼的高度跳下来。万一降落时返回舱的缓冲发动机不工作，这些缓冲减震措施仍可以保证航天员的安全。

检测数据

飞船上需要监测和显示的数据多达上千个，航天员不可能同时对它们进行监视。所以，设计师采用人工智能技术为航天员设计了一套特殊系统。显示屏按照飞行程序自动显示当前飞行阶段的主要参数和航天员关心的参数，其余的参数只要在正常范围内就不予显示。假如航天员需要其他参数，只要在键盘上敲一下对应的按键，数据就会自动显示出来。

照明

飞船内的提示灯、注意灯和警告灯的颜色分别采用类似交通指示灯的绿、黄、红三色。正常事件和状态的提示用绿灯，发出"注意"信息的灯用黄色，警告灯则用红色，使航天员一眼就明白发生了什么情况。

航天员出舱使用的灯是聚光灯，有两个自由度的转动功能，可为未来飞船的交会对接试验和航天员舱外活动提供照明。

这就是逃逸系统

运载火箭系统

将“神舟”送入太空的，是中国自行研制的被称为“神箭”的运载火箭“长征二号”F。

人们通常把能将卫星、飞船、空间探测器等航天器送入太空的火箭称为运载火箭。据统计，美国、俄罗斯、中国、印度、日本和巴西等国家及欧洲空间局先后研制生产的各种运载火箭一共有23个系列，208个型号，但是能把载人飞船送入太空的运载火箭只有少数几个型号。

“长征”系列运载火箭是我国自行研制的航天运载工具。从1970年到2005年，我国发射“长征”系列火箭共计87次，成功81次，失败6次。发射成功率为93%。自1996年10月到目前，我国已连续45次发射成功。

“长征二号”F火箭，是我国目前研制的长征系列火箭中可靠性最高、推力最大、系统最复杂的的火箭。整个火箭由芯级火箭、二级火箭、4个助推器、整流罩和逃逸塔等部分构成。火箭全长58.34米，起飞质量479.8吨，整流罩最大直径3.8米，可以将8吨重的有效载荷送入近地点200千米、远地点350千米的轨道。

火箭结构

火箭由箭体结构、控制系统、动力装置、故障检测处理系统、逃逸系统、遥测系统、外测安全系统、推进剂利用系统、附加系统、地面设备等十个分系统组成，其中逃逸系统和故障检测处理系统，是为确保航天员的安全而新增加的，其他型号的火箭都没有。

火箭的大脑是箭载计算机。发动机何时点火，何时关机，在哪个点上进行转向，什么时间启动爆炸螺栓分离助推器等等，全靠箭载计算机进行控制。

为达到高可靠性的目标，科技人员设计了先进的“冗余容错技术”。简单地说，就是由几台计算机同时进行工作，如果一台计算机的计算结果或操作指令与其他计算机不一致，系统就将认为这台计算机出现了故障，不再执行它的指令，并将它与整个控制系统隔离。其余正常工作的计算机，仍然可以控制火箭完成整个发射过程。美国的航天飞机和法国“阿丽亚娜”火箭同样采用了这一技术。

逃逸救生系统

载人航天飞行，第一重要的就是保证航天员的安全。如果发生了危及航天员生命安全的事故，一定要有办法使航天员从危险中逃脱出来。“长征二号”F火箭特别设计的故障检测系统和逃逸系统，就是航天员在危急状况下的救生装置。

“长征二号”F的逃逸塔位于飞船的顶部，高8米，看起来有点像火箭上的避雷针。逃逸塔内有10台发动机，自上而下分别为控制发动机、分离发动机、主逃逸发动机和高空逃逸发动机。前三种发动机是负责39千米以下高度的逃逸工作，高空逃逸发动机则是在39～110千米高度才发挥作用。

类似的装置曾经挽救过三名苏联航天员的生命。1983年9月27日，“联盟”T-10A飞船准备起飞，完成与“礼炮”空间站会合的任务。火箭点火后突然爆炸，在爆炸前一瞬间，逃逸塔点火成功，将飞船从火箭头部拖离，在1千米外降落。避免了一场船毁人亡的惨剧。这是一次“零高度、零速度”的完美救生。

“长征二号”F火箭还增加了故障检测处理系统，这套系统可以在飞船待发射阶段和上升阶段自动进行故障检测，一旦出现问题它会自动报警。假如航天员正在塔架上尚未进舱，他们可以就近跳进塔架上的逃逸布袋，布袋是用一种弹力很强的特殊帆布做的，航天员跳进去后用四肢的阻力来控制下降的速度，像乘软滑梯一样从上面一直滑到地下室的安全地区。假如航天员已经进舱，这套系统会指挥火箭顶部的逃逸塔自动点火，把飞船返回舱拽离火箭，然后安全降落。

1998年10月19日，全面考核“神舟”飞船应急救生系统综合能力的“零高度、零速度”飞行试验获得了圆满成功。这标志着中国的载人航天工程已经可以进入飞行试验阶段。

1999年11月21日，新华社播发了一条简短的消息：“北京时间1999年11月20日6时30分，中国第一艘“神舟号”宇宙飞船在我国酒泉卫星发射中心载人航天发射场发射成功，并于1999年11月21日凌晨3时41分在内蒙古中部预定落区成功着陆返回。”

航天传奇（六）

“神舟六号”把两名中国航天员送上了太空，他们在太空轨道上完成了5天的飞行任务。中国的航天员系统经受住了多人多天载人航天的考验，在载人航天中起着重要支撑作用的航天员系统成为我国第二次载人航天的最大亮点。

航天员

航天员可不是一般意义上的普通人，他们中的每个人都要经历严格的选拔和近乎残酷的训练。那么，什么样的人会被选中成为航天员呢？

在载人航天活动的早期，人们并不清楚什么人适合在空间环境生活。美国人就曾经考虑过从体操运动员和杂技演员中选拔第一批航天员。然而由于对航天员有着极为严格的身体和心理素质的要求，最终还是确定从飞行员中选拔。

现在，大多数国家的航天员都是从有经验的空军飞行员中挑选的，中国也不例外。

1995年10月，由国防科工委和空军联合组成了预备航天员选拔领导小组，从符合基本条件的空军飞行员中进行航天员初选。

“神舟六号”飞船，航天员费俊龙和聂海胜

选拔

1997年，杨利伟接到去北京体检的通知，他不知道，此行是对全军精选的800余名飞行员进行系统的体检，最终确定60人到北京进行住院临床复查和特殊功能检查，最后只有20人过了这一关。之后，又对这20人进行家庭医学查访和直系亲属体检，也全部合格。由于受到预备航天员的名额限制，还需从这20人中再优中选优。经过专家们的反复研究和挑选，建议录取其中12人为预备航天员。

1996年，为了学习和借鉴俄罗斯航天员的训练经验，有关部门曾从空军飞行员中按照预备航天员的标准，挑选了两人赴俄罗斯加加林航天中心进行培训。根据加加林航天中心的培训计划，培训一名航天员需要4年时间，而他们只用了一年就学完了全部课程。这两名飞行员回

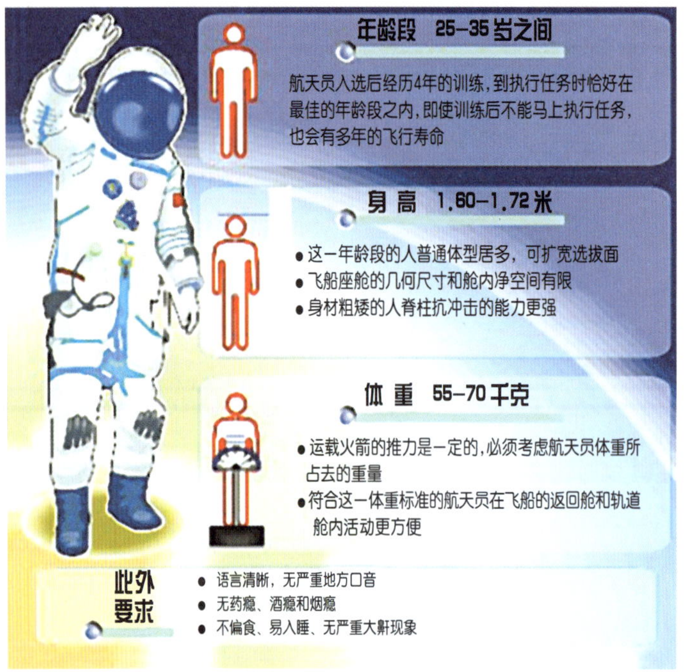

我国选拔航天员的身体标准

国后，也加入了预备航天员队伍。

1997年12月，经中央军委批准，正式组建中国人民解放军航天员大队。

训练

中国航天员的训练分为3个阶段：第一阶段是基础理论培训。在这一阶段，航天员要学习火箭和飞船的设计原理、飞行动力学、气象学、天文学、通信、设备检测、航天医学知识等等。第二阶段是专业技能训练。航天员要熟悉飞船的结构、组成，飞船各系统的工作原理和模式，甚至要掌握重要部、组件的工作情况。第三阶段是飞行程序和任务训练。航天员们要在与真实飞船相同的训练模拟器上，通过实景仿真，掌握和知道应该注意观察什么，什么时候和地面联系等。在这一阶段，航天员们还要学会发现和排除紧急情况，以考察和锻炼他们的判断能力和对事物的迅速反应能力。

飞船在返回的时候可能降落到预定着陆区以外的地方。1965年3月19日，完成人类第一次太空行走的苏联航天员开始启动返回程序。因为自动导航系统故障，他们比预期多绕地球飞行了一圈，最后降落到远离预定着陆点的一片森林中。直到第二天获救之前，狼狈的航天员们不得不在彻骨的寒冷中过夜，还要应付一群饿狼的侵扰。

因此，在训练中，中国航天员们还要奔赴沙漠、寒区、雨林、海上，训练在各种困难条件下的自救求生能力，并配合搜救部队进行搜救演习。

环境适应性训练是整个航天员训练计划中的核心内容。空间环境与地面环境有天壤之别。一个合格的航天员，不仅必须适应过载、失重、低压、缺氧等环境，还要在这些条件下完成工作任务。唯一的办法，就是尽量在地面模拟空间环境对航天员进行耐受训练。

在神舟飞船起飞和降落的过程中，航天员最高可能受到7个G（我们在地面上受到的重力为1个G）以上的过载。试验证明，人

航天员正在模拟器中进行飞行程序训练

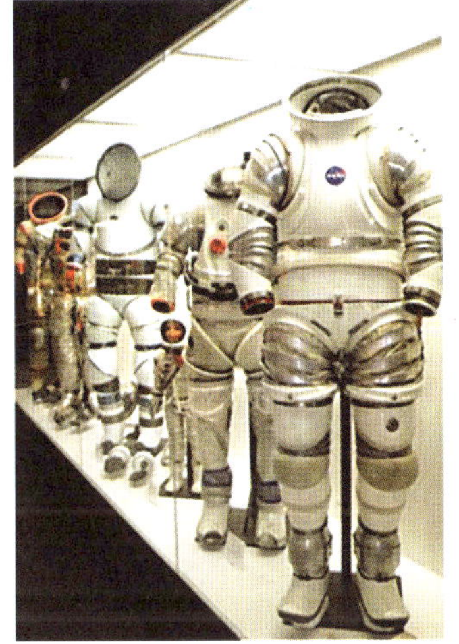
航天服

在胸背方向承受过载的能力比头盆方向要强一些，这就是航天员在起飞时采用平躺姿势的原因。训练航天员过载耐力的设备叫做离心机。航天员坐在一个巨大悬臂末端的小舱里。当悬臂高速旋转时，他们在舱内就可以体验到超重的滋味。

低压缺氧是航天员很可能会面对的问题，为了能够在事故早期及时采取补救措施，航天员必须接受低压缺氧训练。训练时，航天员坐在密封舱内，舱内气压迅速降低。相当于以每秒15米的速度，迅速提升到5000米的高空，在氧气稀薄的情况下持续30分钟。

1965年苏联航天员列昂诺夫完成了人类的第一次太空行走。在他试图返回飞船时，发现他的全压航天服过于臃肿，无法挤进过渡舱。当时他将航天服内的气压降到了相当于海拔35 000米的高度，花了12分钟才得以返回。如果列昂诺夫没有良好的低压耐受能力，他将成为第一个在太空行走活动中殉职的航天员。

统计数据表明，大约有50%的航天员在进入太空后会出现空间运动病的症状。这些症状类似于晕车、晕船。国外甚至有过航天员因为严重的空间运动病而几乎放弃任务的情况。1990年12月进入“和平号”空间站的日本记者秋山丰宽，在一天时间里用掉了80个呕吐袋。

通过失重飞机进行训练，可以有效减轻甚至避免航天员出现空间运动症。由于我国目前还没有失重飞机，失重飞行训练是到俄罗斯航天员训练中心进行的。飞机通过进行抛物线飞行来产生短暂的失重，每个抛物线有28秒左右，一次飞行通常飞10～15个抛物线。美国也有类似的失重飞机。在上面饱受折磨的美国航天员们把这种飞机叫做“呕吐彗星”。

训练开始的时候，中方领队担心我国航天员如果一下子训得太猛承受不住，特别嘱咐俄方驾驶员开始时升降幅度不要过大。俄方驾驶员开玩笑说，就是要你们的航天员承受不住。实际上，因为反复失重和超重，即使身体素质很好的人在这种条件下也容易感到头晕、恶心。在这里训练的其他国家的航天员，不少人几个抛物线下来就不行了，而我们的航天员，一个架次飞了12个抛物线，没有一个人出现严重的反应。

2003年7月3日，经载人航天工程航天员选评委员会评定，我国14名航天员全部具备了独立执行航天飞行任务的能力，予以结业，获得三级航天员资格。从此，我国有了第一代航天员。

衣食住行

吃饭、喝水是一件很平常的事。但在失重的太空中，航天员的饮食与我们在地面生活的人有着很大的不同。

太空飞行的每一千克载荷都是非常昂贵的。从这个角度讲，航天员的每一餐，大概都拥有世界上最高的价格。然而，在早期的载人飞行中，地面的医学专家甚至担心处在失重环境中的航天员无法咽下食物。那时候的航天食品被做成半流体，制成牙膏状。食用的时候，航天员把这种丝毫谈不上色、香、味的昂贵的糊糊挤到嘴里就算完事。

在最初的几次载人飞行中，航天员在太空的时间多则一两天，少则几个小时，吃点“牙膏”还不算什么。后来，飞行时间延长到了十几天。航天员们对航天食品的评价是“令人生厌”，他们怨声载道，甚至集体大量剩食。食品问题引起了高度重视，经过大量试验，在失重条件下，不带汤汁、毫无黏性的食品，如米饭、豆子会四处飘散，而带黏性的酱、浓汤、果汁、勾芡过的菜肴、肉块是可以用勺子和叉子取食的。以后的航天食品充分考虑了航天员的个人口味。为了节省飞船的空间和发射时的有效载荷，航天员携带的食物要重量轻、体积小、营养好。为了防止食物碎屑在失重的条件下四处漂浮，航天食品被制成一口大小的长方形、球形和方形等等形状，表面再涂上一层可食的保护膜，这样航天员进食时一口一块儿，既方便简洁，又不会掉渣。为了减轻飞船舱内的废物收集系统的负担，航天食品不含骨、刺、核之类不能吃的部分。

在失重条件下人的生理会有所改变，航天员骨钙的流失量是老年人的十倍，还会出现肌肉萎缩，红细胞数量减少等情况。针对航天员这些生理现象，航天食品需要对营养结构作适当调整，例如：肌肉萎缩要求每天为航天员补充130克以上的优质蛋白质，骨钙丢失要求食品必须提供充足的钙，以及适宜的钙磷比例和维生素D；为防止心血管系统功能失调，需要限制航天食品中钠的含量，保证钾的供给等等。

和航天食品的昂贵一样，航天服是世界上最昂贵的时装。

我国自行研制的舱内

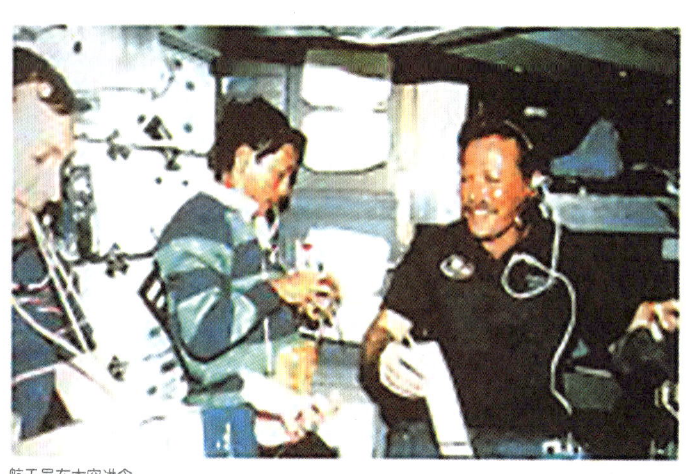

航天员在太空进食

航天服由三部分组成：一是限制层。它由耐高温、抗磨损材料制成，用来保护服装内层结构，并由特殊设计的力约束结构使航天服按预定形态膨胀，保证航天员穿着舒适合体。二是气密层。这部分用涂有氯丁橡胶的锦纶织物制成，有良好的气密性，有效防止服装加压后气体泄漏。三是散温层。这部分与内衣裤边接在一起，有许多管道，采用抽风或通风，全部气流送入头部，然后向四肢躯干流动，经肢体排风口汇集到总出口排出，带走人体代谢产生的热量，保持航天员身体舒适。

航天服上配有废物处理装置和生物测量装置。生物测量装置从贴在航天员身上的电极、生物测量带、服装电接头获取测量数据，心电、呼吸、血压等生理信号直接通过飞船遥测系统传到地面飞行控制中心。

执行太空行走和登月任务的航天员穿的是舱外航天服。舱外航天服由微流量防护层、真空隔热屏蔽层，气密限制层，通风结构和液冷服等组成。结构更为复杂。它不仅需要具备独立的生命保障和工作能力，而且还需具有良好活动性能的关节系统，以及在主要系统故障情况下的应急供氧系统。

现代航天服实际上可以看成为一个具有操作活动的最小载人航天器。一套舱外航天服系统重量大约120千克。但是在太空中，由于一切都处于失重状态，即便航天员穿上如此笨重的衣服也照样可以轻松地行走。舱外航天服发展到今天，已达到能保证航天员在舱外独立工作长达8小时的水平。

失重的感觉是非常奇妙的。第一次上天的航天员开始时往往很笨拙。不过很快就会学会新的移动方式。只要用手在舱壁上轻轻一点，航天员就会向相反的方向漂过去。在狭窄的舱道里对面相逢，也不会感到丝毫不便。因为其中一个可以从另一人的头顶上飞过去。

地球上的一天是一次日落日出，周期为24小时。可是在飞船上看到的太阳，90分钟就升起一次。航天员无法“日出而作，日落而息”，只好机械地按钟点安排工作和睡觉。

不过航天员并不能真的飘荡着睡觉。一是舱内的气流会把航天员吹走，二是一旦飞船进行变轨等机动飞行，航天员就会撞到舱壁上。因此，航天员一

航天员在太空中找不着“躺”的感觉。无论站着、躺着，还是飘在太空舱中，都可以安然入睡。

般睡在固定在墙壁上的睡袋里，睡袋拉紧后能给人体施加一定的压力，使人消除那种飘飘欲坠的恐慌感。

有人睡觉习惯把手或腿放在被子外面。这在地面上看来是很正常的现象,可是在太空环境里,由于失重，睡眠中人的四肢会不受躯干支配而四处飘动。一名苏联航天员回忆说，他就曾经在醒来后被自己在空中飘动的双手吓了一跳。

在长期的太空飞行中，航天员需要进行一些身体素质锻炼，以避免在失重状态下生活太久而导致肌肉严重萎缩。为航天员准备的健身器械通常包括划船器、跑步机等等。当然，航天员必须把自己固定在这些器械上，不然一使劲他们就会飞到天花板上去。即便如此，经历长期空间生活的航天员返回地面后也会感到肌肉无力，甚至站立都有困难。他们需要适应一段时间后才能在地球上正常生活。

失重条件下清洁卫生及处理废物非常复杂，需要有特殊的设施和技巧。失重时刷牙，牙膏泡沫很容易飘浮起来，水珠在舱内飞飘，会影响人的健康和仪器正常运转。飞船中的航天员不能采取地面上的刷牙工具和方法，只能采用比较简单的方式来刷牙。美国采用的是一种特制的橡皮糖，让航天员充分咀嚼以代替刷牙，前苏联航天员使用裹着毛巾的手指，而我国的航天员则用专门的洁牙指套做口腔清洁。航天员洗脸，其实是取一块浸泡有清洁护理液的湿毛巾擦洗面部。随后，把毛巾铺在按摩刷上用来梳理头发。

航天员在太空里上厕所也是件麻烦事。他们需要使用专门设计的装置。然而，当航天员穿着厚厚的航天服时显然不可能使用这些装置，如果这个时候内急的话，只能靠航天服内的尿液收集装置来解决问题。这个尿液收集装置的工作原理，和我们熟知的“尿不湿”十分相似。

航天员若在空间站上长期生活，洗澡也是一个技术问题。美国的航天飞机上没有洗浴设施。这一点常常为美国航天员所诟病。苏联长期的载人空间站上，配备有专门设计的浴室设施。这种浴室，只不过是一个强力尼龙布浴罩，浴罩上下有固定的框架，上连天棚下连地板，成为密闭浴罩，平常折叠着固定在生活舱的顶棚上。洗澡前，航天员需要先把废水回收净化装置中的净化吸附剂配好，准备用来回收和净化洗浴时的污水，然后启动电加热器，把水箱中的水加热到合适温度。进入浴室，地板上有一双固定的拖鞋，人穿上它后就不会飘浮起来。为了避免被自己的洗澡水呛到，在打开水龙头之前，航天员应先戴好呼吸器，还要将耳朵塞起，戴上护目镜，就像正在潜水一样。这套装置使用非常麻烦。为了洗十分钟的澡，航天员需要花 40 分钟准备和收拾。

一切就绪，航天员在太空轨道上终于可以面对独特的风景了，这时候，每个人都会情不自禁地成为诗人和哲学家。

航天传奇（七）

“神舟六号”在完成了5天的太空飞行后顺利返回。中国载人航天进入了“建立短期有人照料的空间实验室，开展一定规模的空间应用研究”的新阶段。

“神舟六号”飞船

让我们把目光从万众瞩目的火箭、飞船和航天员上暂时离开，转而了解一下起着支持作用的飞船应用系统、发射场系统、通信测控系统和着陆场系统。

应用系统

航天活动的最终目的，是在太空中进行科学试验和研究。帮助科学家们实现这一切的就是航天器上的各种仪器设备。

这些用于探测和试验的仪器主要安装在“神舟号”飞船的轨道舱里。载人飞行时，可以由航天员进行各种科学实验。航天员返回地球后，轨道舱就成为了一颗低轨实验卫星。一方面完成各种天文、地球观测，在资源遥测、灾害监视等方面提供大量科学数据；另一方面对载人航天轨道的空间环境进行大规模的综合探测。

在21世纪前20年内，中国将建成20吨级的较大规模的、长期有人照料的空间站。到时候，现在的国

“和平号”空间站

际空间站将不再是地球轨道上唯一的，可供人类在太空长期居住的星际旅店了。可是，到底为什么包括美俄在内的航天大国，都要建设轨道空间站呢？

“天空实验室”

空间站的作用

太空实验室　空间站在距地面三四百千米的高空飞行，脱离了地球大气层的束缚。从这里观测宇宙，没有大气折射、散射和吸收的干扰，也不受刮风下雨的影响。建在空间站上的天文台，可以摆脱地球大气的束缚，方便科学家破解宇宙的奥秘。

未来的中国空间站上也会装有这些设备，利用这些设备可以观测宇宙，回答“世界从哪里来，到哪里去”的问题。

宇宙工厂　美国之所以提前结束“阿波罗”登月计划，除了在登月竞赛中大获全胜以外，还因为国际航天界形成了这样一个共识，到目前为止，给人类带来最大效益的航天活动，还是轨道空间站。

太空的微重力、高洁净、全真空的特殊环境，使它成为人类最理想的工业材料和药品加工地。仅在1989年，苏联航天员就在“和平号”空间站上生产了297千克纯净的半导体晶体，每千克价值达100万美元。

星际中继站　本世纪人类最宏伟的航天计划之一是载人登陆火星。从地球飞向火星，需要大约7个月，航天员们需要在那里等待同样的时间，以便可以选择正确的轨道返回地球。人类到底能不能在太空里生存那么久？

轨道空间站回答了这个问题。到目前为止，在太空生活最长时间的人是俄罗斯航天员瓦列里·伯利亚科夫。从1994年1月到1995年3月，他在“和平”号上连续逗留了438天。

发射场系统

1999年的一天，美国的卫星情报人员惊讶地发现，在中国酒泉卫星发射中心出现了一条奇怪的铁路。这条铁路长1500米、宽20米，连接发射架和一个新建的神秘建筑。很快，他们就得出了结论，中国也掌握了“三垂”发射技术。

过去我国发射导弹、卫星，采用的都是水平测试、水平分级运输、发射工位垂直组装的方式。这种方式需要在发射区重新测试，准备时间较长，不能够满足载人航天发射的要求。目前，国际上通用的做法是：垂直组装、垂直测试、垂直运输，即所谓“三垂”模式。

那个神秘的建筑，就是飞船和火箭总装垂直测试厂房。

中国的航天专家们采用实用态度进行了设计：美国“阿波罗”飞船发射场有四个总装测试工位，我们有两个。高度他们是160多米，我们有90多米就够用。另外，在戈壁滩上，垂直测试厂房不用搞钢结构，钢筋水泥就可以满足设计要求，稳定性、密封性相当好。

尽管如此，这依然算得上是一个庞然大物。这是一座相当于38层楼高、中间没有任何楼板的巨型建筑物。厂房大门高74米，上宽为14米，下宽为25.6米。仅门洞面积就达1000多平方米，大门自身整体重量达350多吨。

其次是垂直转运车，美国用庞大的履带车，平稳，减震好，能够携带脐带塔、前置设备和沉重的地面电源。我们可以用轻型铁轨转运车，不带前置设备，不搞悬挂，不搞减震装置，电机驱动，简单实用，同样能够实现“垂直转运”。

现在，一个现代化的载人航天发射场矗立在戈壁滩上。它由技术阵地、发射阵地、测控系统、搜索救生系统、生活区和后勤系统组成。航天发射中心的任务包括：航天运载器的装配、发射前准备、发射、弹道测量、飞行轨道测量、控制指令的发送、遥测信息的接收和处理。另外，载人航天器发射场还提供了航天员在空间飞行前的居所和身体检查设施。

测控与通信系统

1990年9月，我国太原卫星发射中心发射了一颗气象卫星“风云1号”极地轨道卫星，卫星在离地球900千米的空间轨道上，以南北方向绕地球运行。卫星每绕地球一圈，就可以获得宽度为2860千米的地球气象云图。

那年的除夕之夜，西安卫星测控中心地面控制人员突然发现：星上计算机功能失灵，卫星姿态失控，如不尽快抢救，国家投入巨资研制的卫星将因星上能源耗尽成为一颗漂泊在宇宙空间的“死星”。

此时，中国航天测控网中唯一有机会对“风云1号”卫星下一个飞行圈次实施有效控制的只有喀什测控站。在14分钟内，他们完成了捕捉目标、数据注入、数据比对、判读等一系列工作。经过连续三次注入。卫星恢复了正常。

1999年11月21日，“神舟一号”飞船飞到最后一圈的时候，出现了一个意外。

飞船返回前，必须获取对降落轨道进行修正的数据和指令。否则，飞船的落点将会偏离预定地点40千米。然而，渭南、青岛、“远望二号”测量船先后三次数据注入都失败了。现在，接力棒交到了“远望三号”手里。它将进行最后的努力。

幸运的是，3分钟内，调整指令成功地注入了“神舟一号”。飞船随后准确降落在预定落区里。

着陆场

我国载人航天工程着陆场系统包括拥有先进无线电测量系统的内蒙古主着陆场和酒泉卫星发射中心内的副着陆场，如果主

卫星和飞船进入太空后，所有自动执行的调整指令都必须从地面发送上去。测控与通信系统非常重要

航天测控与通信系统一般由轨道测量、遥测、遥控火箭安全控制、航天逃逸救生控制、计算器系统及监控、船地间通信和地面通信等设备组成

着陆场不具备气象条件，比如风沙太大，风速超过15米等等，飞船就要选择返回副着陆场。

主着陆场建在内蒙古的草原上，在这片总面积达18万平方千米的陆地上，少人居住，预定落点方圆数十千米的区域内，没有高压线，没有铁路，没有三层以上的房子，没有河流，树木也很少；地势平坦，倾斜的地方坡度不超过5度。除内蒙古主着陆场外，其他地方还设立有4个陆上应急搜救点，3个海上应急救生溅落区，以及若干飞船在轨应急返回着陆区。

展望

太阳，是银河系边缘一颗普通大小的恒星。在可以探测的宇宙中，银河系只是千亿星系中普通的一员。人类，生活在宇宙偏僻的一个小角落里。然而，出于智慧生命探索未知世界的本能，也因为利益和国家声望，世界各国还是制定了更为雄心勃勃的航天计划。

未来载人航天发展的重点围绕空间站进行空间科学实验与应用，同时积极开展以月球探测和火星探测为核心的深空探索活动。目前，美国、欧空局、俄罗斯、日本和印度都制定了深空探索计划。

以美国为首的国际空间站计划既是20世纪最后一个重大的载人航天工程，也是21世纪第一个重要的载人航天项目。国际空间站从1998年开始建造，原

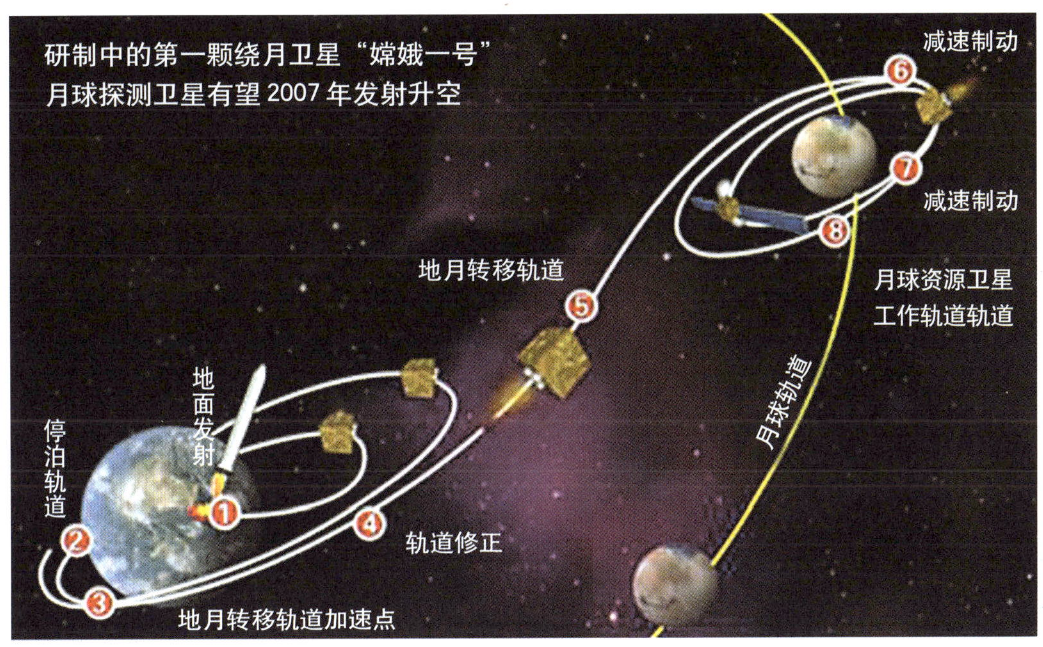

中国探月计划首期“绕月探测卫星”发射步骤示意图

计划于2006年全部安装完毕，分44次通过运载器将各部件送入轨道组装完成。目前，国际空间站的人员和货物运输全部由俄罗斯独立承担，预期最早到2010年国际空间站才能完全建成。

探月计划

中国航天科技发展中的一个重要项目。

中国的探月工程命名为“嫦娥工程”，第一颗绕月卫星命名为“嫦娥一号”，“嫦娥一号”及其运载火箭将于2007年发射升空。

我国的“嫦娥工程”将分三个阶段实施：第一个阶段是“绕”，主要是获取月球表面三维影像，初步编制月球地质与构造纲要图；第二个阶段是“落”，以月球软着陆器在月球表面进行软登陆，进行月岩的现场探测或采样分析；第三阶段是“回”，利用返回型月球探测器，将所采集的关键性样品运回地面，进行深入研究分析。与此同时，美国、日本和印度都安排了自己的月球探测计划。

2005年9月，美国宇航局公布了其重返月球的详细计划，从2018年开始每年至少登月两次，从事多种科目的科学研究，并努力在月球上寻找可供以后航天飞行利用的资源。在月球上建立一个由宇航员生活设施、发电站和通信站等部分组成的月球基地。

未来20年，日本太空开发的主要目标是：建设无人月球基地、通过国际合作开展载人航天活动、建设作为小行星探测中转站的深空港。日本在2009～2010年将要进行的“月女神”B计划，包括月球车、月球望远镜研制计划以及在月球表面建立科学设备网络。

2003年11月，印度空间研究组织宣布，将于2008年向月球发射“月球飞船1号”探测器。该探测器重525千克，将进入月球轨道，并计划于2015年前向月球发送航天员。

欧空局和俄罗斯虽然没有明确公布自己的探月计划，但是依据他们的航天科技实力，可以想象，在这一轮的月球开发热潮中，不会没有欧洲人和俄罗斯人的身影。

为什么世界各国在这一轮的登月热潮中争先恐后呢？

首先，月球的弱重力，高真空的环境为科学研究提供了优良的环境。月球上的天文台拥有地面上不可能获得的观测条件，如天文望远镜所需要的超低温环境根本不需要在地球上必不可少的庞大的冷却系统来支持。

月球上有许多大大小小的环形山，非常适合制造巨大的射电望远镜。月球的背面永远不会面向地球，不会有令人头疼的杂波干扰。

煤炭、石油等燃料不可再生，而热核聚变可以为人类提供高效、清洁的能量。几十吨氦3就可以提供全世界一年的能源需求。如果按照石油价格换算，一吨氦3价值几十亿美元。遗憾的是，地球上氦3的全部储量只有20吨。而月球上的氦3非常丰富，据推测，高达一百万吨，可供人类使用数千年。

由此可见，登陆月球

探月工程

火星飞船示意图

有着巨大的战略利益，没有人会轻易放弃。

火星探测

直到第一张火星土壤的分析报告传回地球前，人们一直相信火星上存在生命，甚至是智慧生命。这样，人类在宇宙中就不再孤独。

从20世纪60年代起，人类就不断地向火星发射探测器。1976年7月20日，美国的火星探测器“海盗1号”成功地在火星的普拉尼迪亚平原上进行了软着陆。1个半月之后，“海盗2号”也着陆在火星的北极附近。

火星稀薄的大气中95%是二氧化碳，白天的最高温度也在零摄氏度以下，夜间更是降到零下八九十摄氏度。它像沙漠一样干燥，比南极的冬天更加寒冷。在这样恶劣的环境当中，低等生命都很难存活。

然而，近年来新的科学证据表明，火星上还是可能存在着生命的。在南极发现的一颗13万年前来自火星的陨石中，科学家们发现了可能是微生物化石的细小痕迹。火星的极冠和地下，也可能存在着数量可观的冰。

2003年，欧空局发射的“猎兔犬2号”在火星着陆，但此后地面再未能接收到它的信号。但是欧空局并不气馁，又推出了名为“曙光女神”的太空计划，计划2010年，让自行研制的探测器漫步火星，在2011～2014年间，将火星岩石标本带回地球；在2033年以前，将欧洲航天员送上火星。

未来的火星之旅很可能是这样的：一组航天员乘坐在太空装配的飞船从地球轨道站出发，经过7～9个月的飞行，到达火星后，利用提前送到的设备在火星上建立一座小型的基地。在火星上完成为期1年左右的探险后，利用从火星上提炼的燃料返回地球。

可以看出，在21世纪的航天赛场上，世界各国都制定了雄心勃勃的航天计划，力图通过航天活动提升政治影响，显示经济实力，获取实际利益。然而正如航天员们从太空中看不到国界一样，所有对太空的探索和研究，其实都代表着整个人类的努力。

无论人们怎么想，地球总是带着她孕育的所有生命以每秒30千米的速度在茫茫太空里飞驰。这趟惊人的过山车之旅远未结束。让我们深呼吸吧，请系好你的安全带。